U0301197

广东省民间文化遗产抢救工程系列丛书

广东省文学艺术界联合会
广东省民间文艺家协会 编

中堂传统村落与建筑文化

■ 郭焕宇 编著

华南理工大学出版社

·广州·

图书在版编目（CIP）数据

中堂传统村落与建筑文化 / 郭焕宇编著. —广州：华南理工大学出版社，2016.12
（2017.4 重印）

（广东省民间文化遗产抢救工程系列丛书）

ISBN 978-7-5623-5126-9

Ⅰ.①中… Ⅱ.①郭… Ⅲ.①村落－建筑文化－东莞 Ⅳ.①TU-092.965.3

中国版本图书馆 CIP 数据核字（2016）第 267833 号

ZHONGTANG CHUANTONG CUNLUO YU JIANZHU WENHUA

中堂传统村落与建筑文化

郭焕宇 编著

出 版 人：卢家明

出版发行：华南理工大学出版社

（广州五山华南理工大学 17 号楼，邮编 510640）

http://www.scutpress.com.cn E-mail: scutc13@scut.edu.cn

营销部电话：020-87113487 87111048（传真）

策划编辑：赖淑华

责任编辑：蔡亚兰 赖淑华

印 刷 者：广州市骏迪印务有限公司

开 本：787mm×1092mm 1/16 印张：12 字数：210 千

版 次：2016 年 12 月第 1 版 2017 年 4 月第 2 次印刷

定 价：68.00 元

广东省民间文化遗产抢救工程系列丛书
编委会

主　编　李丽娜

副主编　朱　琪

编　委（按姓氏笔画排序）

王元林　王少文　孔燕娟　叶仲桥　叶　杨　申敏新

朱　琪　刘晓春　李志强　李丽娜　李佳鸿　李桂山

肖伟承　张泽珣　张　梅　陆穗岗　陈周起　欧阳生

黄南鹏　彭秋玲　韩昌晟　储冬爱　曾波强

本书工作委员会

顾　问　尹照容　姚铸锐

主　任　黎建波

副主任　张　波

委　员　戴润林　黎伟康　叶嘉铭　邵学成

项目执行　朱　琪　陈周起

守护民族的文化基因

在华南的古村落进行田野考察，最深刻的感受是，我们所从事的是一项与个人的情感可以交融在一起的工作。只有参加过古村落田野调查的人才能真正理解，与一群具有不同学科和专业背景的人同行，走向历史现场，踏勘史迹，采访耆老，搜集文献与传说，记录图像和声音，进行具有深度的密集讨论，联结过去与现在，引发兼具历史感与"现场感"的专业思考，其中蕴含令人神往的境界。我们都热爱自己的工作，热爱自己所记录和研究的人们，热爱这些人祖祖辈辈生息的山河和土地。在大多数情况下，学术传统与个人情感的交融，赋予了古村落田野工作独特的魅力。

"广东省古村落保护专项工作"是从2007年开始的，5年来，广东省文联、广东省民协邀集的民俗学、历史学、建筑学、人类学、美学等专业的上百位专家，与各地的民间文化工作者一道，徜徉在岭南17.8万平方千米的乡土之间，以细致的田野工作，在17万个自然村中，梳理了近200个古村落的历史脉络，搜集了丰富的文献、口述和音像资料。同行们试图唤起社会各界对古村落及其蕴含的深厚文化底蕴更多的关注与重视，力图在这项号称与"推土机赛跑"的工作中先行一步。大家历尽艰辛而仍旧乐此不疲，是因为我们相信，这项工作所表达的是一种具有方向感的专业追求，我们强调自己的工作学有所本，同时也相信自己的追求有助于守护、存续一个有数千年传统民族的文化基因。

费孝通先生在《乡土中国》一书中，讲到乡土社会是一个"礼治"的社会，精辟地指出：

> 传统是社会所累积的经验。行为规范的目的是在配合人们的行为以完成社会的任务，社会的任务是在满足社会中各分子的生活需要。人们要满足需要必须相互合作，并且采取有效技术，向环境获取资源。这套方法并不是由每个人自行设计，或临时聚集了若干人加以规划的。人们有学习的能力，上一代所实验出来有效的结果，可以教给下一代。这样一代一代地累积出一套帮助人们生活的方法。从每个人说，在他出生之前，已经有人替他准备下怎样去应付人生道上所可能发生的问题了。他只要"学而时习之"就可以享受满足需要的愉快了。

> 文化本来就是传统，不论哪一个社会，绝不会没有传统的。衣食住行种种最基本的事务，我们并不要事事费心思，那是因为我们托祖宗之福——有着可以遵守的成法。但是在乡土社会中，传统的重要性比现代社会更甚。那是因为在乡土社会里传统的效力更大。

也就是说，文化传统一代一代、自然而然地形塑了我们许多不言而喻的行为法则，而这些传统在乡土社会中存留得更多，也具有更加重要的价值。置身于全球化、现代化的话语环境之中，面对着日益"千城一面"的都市化浪潮，我们这些从事文化工作的人，也就对60多年前费孝通先生的学术见解，更多了一份理解和同情。也许在许多接受了制度性的现代教育的人看来，不少传统的习惯和事物已经不够时尚，甚至不合时宜，但我们还是得知道，正因为这些融入每个普通人血液之中的文化传统，我们才成为中国人和岭南人。

而这些丰富而多样的传统文化基因，正是在乡村社会的日常生活中，在乡村社会的氛围和环境中，才得以更好地存续和发展。

作为一个文史工作者，我们深深地庆幸自己能够生活在这样一个大变革的时代。过去 30 年间，我们民族所经历的经济、社会和文化领域的巨大变化，在几千年中国历史上是绝无仅有的。能够亲历这样的历史，真是可遇而不可求。但正是由于社会的迅速转型，我们这一代对民族文化基因的守护和延续，也负有更重的历史使命。

这就是编辑这套丛书的价值所在。

2012 年 2 月 26 日于广州康乐园马岗松涛中

作者现任广东省民间文艺家协会主席、中山大学党委书记。

用脚步丈量传统村落

（序二）

中堂，古称春堂，北宋初立村，有千年历史。从古春堂走到现代中堂，从一个江边小村落走到一个岭南水乡重镇，跨过了悠悠千载岁月。中堂这片土地，土沃水丰，田园如画，堪称鱼米之乡，不但孕育了诸如潢涌、凤冲、槎滘等名乡古村，走出了莫登庸、陈伯陶、黎樾廷等名人，还留下了一大批饱历沧桑而又耐人寻味的传统村落与建筑文化遗产。

传统村落与建筑是故土家园，承载着一方族姓、经济、人文和风俗的历史，既有古朴凝重的千年沉淀，更具蓬勃发展的生机盎然。中堂的老百姓生于斯，长于斯，用勤劳的双手，日复一日、年复一年建设自己的美好家园，创造了可歌可泣的历史……

中堂的传统村落与建筑中，蕴藏着中堂千载历程的步履之声和人文风情，是中堂人民一笔宝贵的精神财富。中堂百姓素有勤奋建设家园和热爱家乡的传统。改革开放之后，历届镇委、镇政府都十分重视对我镇传统村落与建筑文化的保护，为此做了很多实实在在的工作。

恰逢改革开放新时代，这三十多年来，中堂镇的经济、文化发展迅猛，百姓生活水平不断提高，"穷存物、富藏书"，人们对各类文化的需求增加，特别是对传统文化有了更大的兴趣。在这样的大背景下，由广东省民间文艺家协会、中堂镇文广中心共同策划和组织，并邀请华南农业大学郭焕宇先生和他的团队到中堂镇进行为期一年半的田野调查、走访、研究、撰写，完成了《中堂传统村落与建筑文化》一书。此书作者先从中堂镇传统村落的建制沿革，到祠堂、庙宇、文塔、石桥、塾馆和古巷门楼、会堂、渡口等大处入手；再从当地农田、水塘、地堂、建筑及建筑物里外格局、装饰，以及传统村落、古建筑中的相关人物、故事、传说和诗文等细微处下笔，详尽描述和展示了岭南传统村落的自然景观和风土人情。作者以严谨的学术态度、专业的思考方式，以及生动优美的语言风格全面地叙写了中堂镇种类多、分布广的传统村落与建筑。作者认真考据，谨慎落笔，力求客观真实地展现中堂传统村落与建筑文化面貌。本书中有些观点颇有见地，为后来研究者提供了借鉴和思路。

中堂镇是东莞水乡重镇，又是"中国龙舟文化之乡"和"中国曲艺之乡"。相信此书的出版，为传承和弘扬传统文化，为今人和后人增进了解中堂的历史、民间文化及风土人情，多开了一扇历史文化之窗。相信此书会让社会各界人士对中堂镇的传统村落与建筑文化有更多的了解和关爱。

叶照君

2016 年 9 月 20 日

作者系中共中堂镇委书记。

目 录

第 1 章

中堂历史
与水乡风情

中堂镇位于广东省东莞市西北部，风光秀美，人文毓秀，系典型的岭南水乡。

汉人南迁在本地区开发过程中起关键作用。珠江三角洲冲积平原形成之初，地广人稀。两宋以降，南下的汉族移民带来先进的治水经验与生产技术。传说于两宋及元形成的古老村落，掀启了中堂初始开发期的序幕；在发展演化期，明初驻防中堂的屯兵垦荒成田，逐渐转化为本地居民；清代进入成熟繁荣期，人口急剧增长，珠三角范围的人口流动再次带动了中堂的发展。

明、清两代是珠江三角洲农业开发的重要时期，人工围垦快速拓展了冲积平原农田面积。中堂的村落形成虽说始于宋元，但直至明清时期才实现人口和农业的大发展。新中国成立后，其处于快速扩张期，新村建设满足了人口增长及村民定居的需求。

宗族传统是了解中堂村落历史的主要线索。在筚路蓝缕、艰苦卓绝的开发进程中，宗族在文人士大夫阶层的倡导下逐渐兴起，并由此产生了聚族而居的聚居村落。中堂所辖村落大都经历了不同姓氏人口迁徙移民、聚集定居，乃至兴衰更替的历史过程，多数演化为单姓村或个别姓氏主导的宗族村落。中堂镇有 20 个行政村和社区，宗族村落聚居的特征明显：从人口规模来看，单姓主导的村落有 10 座，如潢涌、湛翠、吴家涌、一村村、袁家涌、斗朗社区、江南社区、蕉利村、鹤田村、凤冲村等；两个姓氏主导的村落有马沥村；三个姓氏主导的村落有槎滘村和东泊社区；其余村落有更多姓氏，包括三涌村、下芦村、四乡、东向等。大部分姓氏有自己的祠堂，且各自相对独立地聚居于一个片区，过去称为"坊"，现在为行政村所辖的一个自然村或村民小组。只有少数多姓杂居的情况，如中堂村，以及新中国成立后建立的渔民新村红锋社区、镇行政中心所在地中心社区等。有的村落同一姓氏或不同姓氏会结成互助的"世好"，强化了村落宗族之间的沟通和联系，以期实现共同发展。

中堂传统文化景观呈现岭南水乡文化的主要特征。中堂处于广府文化核心区，衣食住行、民俗活动尽显岭南水乡传统特色。作为"中国龙舟之乡"，中堂的龙舟制作、龙舟景俱是宝贵的非物质文化遗产，龙舟文化因具有深厚的民间基础，至今仍然焕发着勃勃生机。

中堂传统文化植根岭南，生动展示了岭南水乡文化的地域特征，深刻反映了广府文化的民系品格，值得我们关注和研究。

1.1 建制沿革

广东省东莞市位于广东省中南部，东江下游的珠江三角洲。最东与惠州市惠阳区接壤，最南与深圳市宝安区、龙岗区相连，最西与广州市番禺区隔海相望，最北与广州市增城区、惠州市博罗县隔江为邻。东莞市，因地处广州之东，境内盛产莞草而得名。

（清）东莞县图（来源于《东莞历代地图集》）

中堂镇，位于东莞市西北部，全镇面积为 60 平方千米，呈卧蚕形，东西端距离约 18 千米，南北端最宽处约 5 千米。中堂镇东南与高埗镇、万江区相邻；西南与望牛墩镇接壤；西与麻涌镇相邻；北临东江干流，与增城市新塘镇隔江相望。

中堂全境为冲积平原，地势东高西低，平均海拔 2.5 米，镇内河涌纵横交错，陆地被江河分隔为五大板块：一、潢新围板块，含潢涌村、三涌村、湛翠村、凤冲村、袁家涌村、鹤田村、吴家涌村、中堂村、一村村、东向村、中心社区、

中堂地图

东泊社区、斗朗社区、红锋社区；二、蕉利板块，含蕉利村和中堂村的郭洲；三、江南板块，含江南社区；四、槎滘板块，含槎滘村；五、下马四板块，"下马四"指镇西南部的下芦、马沥和四乡三个村形成的西南板块。

　　中堂得名缘起于"舂堂"二字。考究起来，须追溯到中堂镇中部一座宋初立村的古村，该村古称"舂堂村"，今名为中堂村。中堂村可谓全镇最古老的乡村，也是中堂历代政府机构所在地。回顾历史，中堂司、中堂圩、中堂区及今之中堂镇，皆与此地有关。

　　世事千年，沧海桑田，这里自古烟波浩渺，人烟稀少，而随着冲积平原的形成，水土日渐丰沃，农渔人家多了起来。至宋代终于建制立村，辖编为"东莞县文顺乡归化里舂堂村"。古代民间立村命名，或参照山水地理，或取义吉祥瑞物，又或取己之姓氏。而"舂堂"则与旧时我国南方舂谷有关。

　　唐代刘恂《岭表录异》卷上记载："广南有舂堂，以浑木刳为槽，一槽两边约十杵，男女间立，以舂稻粮。敲磕槽舷，皆有偏拍。槽声若鼓，闻于数里。"宋代周去非《岭外代答》记载："静江（今桂林）民间……屋角为大木槽，将食时，取禾舂于槽中，其声如僧寺之木鱼，女伴以意运杵成音韵，名曰舂堂。"《(民国)隆山县志》记载，在广西隆山，"打舂堂之习，相传已久，今犹未衰，每年农历正月初一至元宵为自由娱乐时间，妇女三五成群，作打舂堂之乐，其意预祝来年风调雨顺，五谷丰登，人畜安康，盛世太平"。正可谓"正月舂堂声轰轰，今年到处禾黍丰"。

可见，南方人原本将舂米的木臼称为"舂堂"，由粗大坚实的木材刳凿制成，形如渔舟。人们在挥动木杵时加入一些优美的动作，在木杵与臼的撞击声中，木杵在槽内舂谷脱粒时会发出有节奏的"嗵嗵"声，劳动者们随之踏脚"起舞"。久而久之，充满节奏感和自娱性的舂米动作演变成了极富趣味性和观赏性的舞蹈活动，"木臼"也成为一种为舂堂舞蹈伴奏的乐器道具。

壮族地区流传的"打舂堂"，以及"打榔""打扁担""打砻"，包括黎族妇女喜庆时的舞蹈"舂米舞"，虽然叫法不一，却有异曲同工之妙，都是从舂米劳动中演变而来的。

又据地方志描述，人们根据字面意义认为"舂堂"是指舂米的场所，如今中堂潢涌村"观察黎公家庙"中仍存"谷磨"和"木碓"实物，便是见证。

因此，无论从哪个角度理解，中堂地名来源与农业劳作的舂米活动密切相关，是比较可信的。而由于在本地方言中"舂"与"中"发音雷同，人们在书写"舂

航拍景观

堂村"的同时，也使用了"中堂村"的写法。流传下来后，中堂反倒成为其正式名称。民国时期，陈伯陶主编的《东莞县志》对此曾考证记载曰："张志作中堂，考李涛碑亦作春堂，盖古今异名。"

由史料可知，明代的官方行文已经使用了"中堂"一称，明洪武十四年（1381年），东莞县设"中堂巡检署"，如今虽无法明确考证衙署遗址所在地，但中堂村一带作为区域性行政中心的地位已经十分突出了。巡检署在此设置与其繁荣的农业、商贸经济不无关联，明清以来本地人口增长，聚落扩张，经济发展，村落之间逐渐形成繁华的圩市，谓之"中堂圩"。如今，站在中堂墟镇的郭洲渡口，眺望一江两岸，我们依然可以想象当年此处人来人往、熙熙攘攘的热闹景象。

据地方志记载，清乾隆十九年（1754年），东莞县划设5个司：捕厅、戎厅、京山司、缺口司和中堂（巡检）司。中堂司设巡检一员，司衙设在中堂圩。中堂巡检司管辖范围很广，下辖12个大乡，包括233座村庄，其范围东至石碣，西至麻涌，南至道滘、红梅。近代至新中国成立初期，中堂也一直是区政府所在地，此后进行了多次行政建制和区划范围的调整。1949年10月，中堂称第四区。1953年，改为第十五区。1957年，十五区划分为中堂和潢涌两个大乡。1958年10月，两个大乡合建为中堂人民公社。1983年8月，撤社设区，建立中堂区。1987年4月，改中堂区为中堂镇。

1.2　立村简史

目前，中堂有20个行政村及社区，数百年间虽屡经行政区划的大小变更，但也基本延续了历史脉络。从各村命名的含义来看，或表明村中主要姓氏；或取义吉祥，寓意美好；或体现本地生活特色，别有一番趣味。

如中堂镇的村名中反复出现的"涌""泊""滘"等字，均与水流有关。涌指河流，滘指水相通处，这些文字是广东地名的常见字。

吴家涌、袁家涌，干脆就直接加个姓氏以涌命名，同时还表明本村的主要姓氏。

"湛翠"来得含蓄一些，早期被命名为湛溪村，后改村名为湛翠，寓意河中碧水清澈，岸上树竹葱茏。

三涌村，相传立村，时村前有三条河流交汇，故取名"三涌"。当然，也可能并不仅仅只有三条河流，"三"是为了表明数量众多之意。

江南村，因毗邻东江而得名，村前江面宽阔，浩浩荡荡，尽享"金波千帆竞""长河落日圆"的美景。

斗朗村东北面临东江干流，西傍横涌海水道，江面宽阔，江边多是冲积滩涂，葫草丛生，故初名为"斗葫"，清中后期称斗朗，沿用至今。

鹤田村，传说每当水起时节，河滩和田沟里有很多鱼虾出没，引来鹤群觅食、栖息，人鹤和谐共处，人们于是将村名定为鹤田。

凤冲村原称"凤翀"，取金凤冲天，气势如虹之意。后来又称凤涌，1958年改称凤冲至今。

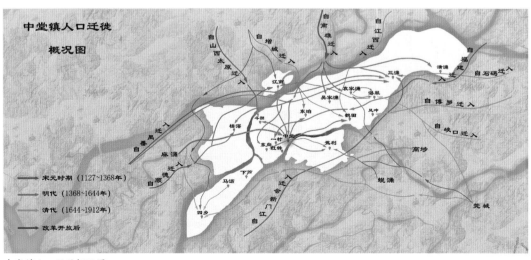

中堂镇人口迁徙概况图

下芦村立村时曾取村名为"厦村"，憧憬"广厦千万间"的未来，到乾隆三十四年（1769 年），村民开始建造宗祠庙宇，并改村名为"新宁梓"（又名新溪），意为一个安宁的新乡村。后因发现全村地形似葫芦，人们认为葫芦里面会装很多好东西，前途无量，远景光明，遂改村名为下芦，沿用至今。

马沥村于清康熙年间（1662 — 1722 年）立村，立村初名"漕溪"，后因村落形似一匹卧水骏马，故改名马沥。

从《东莞市中堂镇志》记载的中堂各村建立及发展的历史来看，各个村落大都经历了不同姓氏人口迁徙、移民、定居，乃至兴衰更替的历史过程，共有三个关键的历史时期和时间节点。

第一个时期：宋至元代

宋代以来，随着汉族政权统治的扩大和深入，经济重心南移，进入华南地区的汉人不断增加。移民进入广东珠三角地区，深刻改变了当地的地理风貌、文化习俗。东莞中堂聚落的形成，即始于宋。其中，中堂村、潢涌村、三涌村于北宋年间立村。

中堂镇中部的中堂村于宋初立村，原称春堂，至今已历 1000 余年，是中堂镇聚落发展史上的早期村落。中堂东部的潢涌村于北宋元祐六年（1091 年）形成，据地方志记载，民国初年当地人曾在村内发现一处约两丈的红石埗头，上刻有"元祐六年建"字样。据此推测该村在此前已经有营造活动，并已立村。另外，三涌村立村于北宋宣和年间（1119 — 1125 年），距今也有近 900 年的历史。

至南宋，因战乱频仍，社会动荡，大量中原移民经广东南雄南下，其中一部分迁至中堂，湛翠、吴家涌、一村村、袁家涌、槎滘村落形成。

湛翠村的曹氏、王氏族人约于南宋建炎元年（1127 年）先后经南雄珠玑巷迁入。吴家涌的吴姓约于南宋绍兴十八年（1148 年）迁入；一村村的陈姓约于南宋隆兴元年（1163 年）迁入；袁家涌约于宋绍熙元年（1190 年）立村，初名沙亭乡；槎滘村黎氏于南宋庆元元年（1195 年）经由南雄迁入，同一时期陈氏从顺德迁来落户，罗氏于南宋淳祐十年（1250 年）经由南雄迁入。

与珠三角地区的很多传统村落类似，中堂一些村落的人们述及本村宗族始源的时候，会指向中原汉人经广东南雄南下移徙，择地聚居立村这一"常规"的历史脉络。各姓先祖中获取功名的名臣儒士，其事迹也必然是不同版本族谱、方志记述宗族发展、村落始源的重点内容。

如潢涌黎氏族谱记载，潢涌黎氏先祖黎鹏本为赣州人，其三子献臣曾在广东做官，"哲宗时，绍圣元年（1094 年）甲戌以三礼进，后登绍兴三年（1133 年）进士，历官雷、惠太守"，与族人先后迁至广州、惠州博罗白沙等地居住生活。至第五世黎宿，迁至东莞樟村，再迁至潢涌。潢涌黎氏后人遂奉黎宿为本村黎氏开基始祖。

再如吴家涌村，吴姓为大姓，其先祖为北宋名臣吴居厚（1038 — 1114 年）。吴居厚，字重本，号敦老，江苏无锡梅里村人，宋神宗元丰年间（1078 — 1085 年）已官居光禄大夫。辞官回归故里后携全家南迁广东。吴居厚育有 7 子，北宋末年由于金辽南侵，兄弟 7 人由南雄迁至广州合同场。之后，五子吴最（字潜轩）娶黎氏生二子启明和启存，约于南宋绍兴十八年（1148 年）由广州迁至东莞中堂定居，立村取名吴家涌，并兴建了祠堂。

一村原名小东向。村中陈姓来自于福建莆田，陈哲庵系南宋隆兴年间（1163—1164 年）的四品奉义大夫左侍郎，曾宦游莞邑，为中堂当地的水乡风貌所吸引，辞官后便携家眷在今村东北角处建屋定居，并定村名为"小东向"。

这一时期形成的村落，多发展为一两个大姓主导，宗族聚居特征明显的聚落。其中，有的村落虽然初创期为多姓杂居，或是不断有其他姓氏迁入，但终究不及大姓族裔人口数量多。如潢涌村早期曾有梁、张、陈、吉四姓居住，南宋黎姓迁入后逐渐成为本村大姓，村中梁、张、吉三姓先后迁往他处，仅陈姓有数十户散居于村中部的陈屋巷一带。一村村形成村落后，虽有多姓迁入，但陈姓人口始终是大姓，占全村总人口的 95% 以上。袁家涌立村之时，原有蔡、马等姓村民居住，在宋嘉定年间（1208 — 1224 年），袁玩由莞城阮涌迁入后，袁姓人口大增，遂将沙亭乡改名为袁家涌。

除上述宋朝形成的村落，斗朗于元朝元贞年间（1295—1296年）立村，霍姓始祖从山西太原迁入，黎姓村民则于明弘治二年（1489年）迁入，其后陈、简、刘、吕等姓在晚清和民国期间迁入。

第二个时期：明代

明初（1370—1403年），明太祖朱元璋于洪武年初（约1368年）命令驻防于中堂的将领钟泷泗率其部属就地转业落籍为民，安家立户，屯垦建村，"兵"转为"民"，分布散居于东泊的泊洋、江南、大东向等村，中堂户籍居民因而剧增。

东泊社区由东滘湾和泊洋（"洋"土音读"祥"）两个自然村组成。其中东滘湾村形成较早，刘氏于明洪武三年（1370年）左右自增城石厦迁来立村；泊洋村约于明洪武三十一年（1398年）立村，熊、陈、方、田、黄等姓均由明将钟泷泗部属就地定居，其余毛、莫姓系19世纪中叶至20世纪初迁入。在同一时期，钟姓军士择江边之地建居务农，钟氏立村后人丁兴旺，形成的村庄不断扩大，成为"江南村"，即今天的"江南社区"。东向村早在元大德元年（1297年）已有何姓从南雄迁来定居，这一时期冯、邓、何三姓军属聚居后形成稳定的聚落，取名"大东向"。

明代发展立村的还有蕉利、鹤田等村。

蕉利村在明成祖永乐年间（1403—1424年）立村。此处早期本为海滩，几户渔家常年在此打鱼为生。这里曾经泥沙冲积，沧海桑田，地势升高，形成了肥沃的土地，人们逐渐在此定居下来，渔耕并重，安居乐业。传说一位叫亚蕉的村民，为人善良，乐于助人，其他人争相与之为邻。时间久了，此地人烟渐旺，立村得名蕉利。另一说法是因早期有招姓渔民在此捕鱼落户，立村时就取村名为"招利"，只是在此后的百余年间，招姓一族逐渐没落。因当地方言"招"与"蕉"同音，所以改称为"蕉利"，或称"蕉丽"。清代以后，统一称为"蕉利"。

蕉利立村初，还有严、显、魏三姓，后来莞城谢姓、蚬涌莫姓也先后入迁定居。其后，谢、莫二姓人丁兴旺，严、显、魏三姓迁往他乡。蕉利所辖自然村中，周姓从中堂附近迁入，定居形成沉塘村；林村则有莫、周、黄、张、赵、麦等六个姓氏，是典型的移民村。

鹤田与蕉利类似，因江河冲积，河滩扩大形成土地，渔民逐渐以务农为主，于明崇祯年间（1628 — 1644 年）立村。

🔅 第三个时期：清代

清代广东各地人口加速扩张，一方面，中堂各旧村居民不断拓展生存空间，建设新村；另一方面，中堂周边各地也有人陆续迁入，由此形成了凤冲、马沥、下芦、四乡（含泗涌、东涌、西涌、西华）等村。

凤冲村于清康熙年间（1662 — 1722 年）立村，村民多姓陈。马沥村也于清康熙年间立村。下芦村的历史则可追溯至清乾隆初（1736 年），吴、张、何、胡、杨等五姓居民在此聚居。

四乡村由泗涌、东涌、西涌和西华 4 条自然村组成。泗涌村始祖郭德尚（字佐君）原居南沙（今高埗镇草墩村），于清乾隆十八年（1753 年）择此地定居，立村名泗涌。之后其子郭朴斋动员南沙十多户村民到泗涌，村庄不断扩大。清道光十九年（1839 年），村人建郭氏宗祠。东涌于清康熙年间立村，立村前原有马沥村彭、梁、萧、黄等姓居住。后陆续有梁、袁、吴、张等姓氏村民从附近迁入。清乾隆年间（1736—1795 年），马沥村梁氏族人为防止郭族发展扩大地域，便派出部分梁氏族人到马沥洲西南端定居，后来其他姓氏也陆续从附近迁入，便形成村庄，取名西涌。同一时期，冯氏从莞城、黎氏从麻涌东浦村迁来，因当时两家所建房屋均为西向，所以取村名西华。乾隆五年（1740 年），李氏一族 70 多人从增城迁来。乾隆七年（1742 年），周氏从常平周屋厦迁来。1949年 10 月，泗涌、东涌、西涌、西华四条村（旧时称"乡"）合并为一个村，因四村合一，故取名为"四乡村"。

🌀 第四个时期：新中国成立至今

新中国成立后以中堂渔业大队为基础建立的红峰社区，位于中堂圩的西南角，东与中堂村相邻，南临中堂水道，与望牛墩官桥涌村隔河相望。红锋社区创下了中堂"三最"：一是面积最小，仅 0.11 平方千米；二是人口最少；三是立村年份最"年轻"。尽管如此，中堂及其邻近水域以从事渔业为生的渔民得以定居下来，实现了安居乐业。

至此，各姓族裔落地生根，开枝散叶，中堂聚落格局逐渐形成并稳定下来。

中堂各村立村信息表[①]

立村时序	村　名	立村时间	立村者（来源地）	姓　氏
1	中堂村	宋初	—	多种姓氏
2	潢涌村	北宋元祐六年（1091 年）	—	黎、陈、梁、张、吉（梁、张、吉后来相继迁出）
3	三涌村	北宋宣和年间（1119—1125 年）	郭姓（新会）	郭、胡、陈、李
4	湛翠村	南宋建炎元年（1127 年）	曹、王姓（南雄珠玑巷）	曹、王、袁、刘、张、李
5	吴家涌	南宋绍兴十八年（1148 年）	吴最（合同场）	吴、叶、黎、许、吕
6	一村村	南宋隆兴元年（1163 年）	陈哲庵（福建）	陈、其他（少于 5%）
7	袁家涌	南宋绍熙元年（1190 年）	—	袁、蔡、马
8	槎滘村	南宋庆元元年（1195 年）	黎姓（南雄）	黎、陈、罗
9	斗朗社区	元朝元贞年间（1295—1296 年）	霍姓（山西太原）	霍、黎、陈、简、刘、吕

---

① 据《东莞市中堂镇志》整理。

中堂传统村落与建筑文化

立村时序	村名	立村时间	立村者（来源地）	姓氏
10	东向村	元大德元年（1297年）	何四胡（南雄）	何、冯、邓
11	东泊社区	明洪武三年（1370年）	刘姓（增城石厦）	刘、熊、陈、方、田、黄
12	江南社区	明洪武三十一年（1398年）	钟姓（明将部署）	钟、吴
13	蕉利村	明成祖永乐年间（1403—1424年）	—	严、显、魏、谢、莫、周、黄、张、赵、麦（严、显、魏后来迁出）
14	鹤田村	明崇祯年间（1628—1644年）	—	胡、袁、黄、陈、洪、戴、徐
15	凤冲村	清康熙年间（1662—1722年）	陈姓（博罗县）	陈、苏、叶、祁
16	马沥村	清康熙年间（1662—1722年）	—	梁、徐
17	四乡村	清乾隆十八年（1753年）	郭德尚（高埗镇）	郭（泗涌）、彭、梁、萧、黄、袁、吴、张（东涌）、梁（西涌）、冯、黎、李、周（西华）
18	下芦村	清乾隆初（1736年）	吴、张、何、胡、杨等姓	吴、张、何、胡、杨
19	红锋社区	1958年	东莞县莞城渔业公社中堂渔业三大队	多种姓氏
20	中心社区	1959年	中堂居民大队	多种姓氏

1.3　鱼米之乡

　　中堂水乡环境的形成，经历了沧海桑田的巨变。根据 1960 年以来半个多世纪对东莞境内贝丘遗址和山冈遗址的考察工作，东莞发现了贝丘和山冈邑城遗址共计 22 处（1990 年以前发现）。贝丘遗址一般在沿海地区出现，是以人类食余弃置的大量贝壳为显著特征的古代人类居住遗址类型。其中，虎门镇贝丘遗址最具代表性，出土的遗物丰富，陶片数量居全省之冠。在中堂镇的潢涌村、江南村，也发现了相关遗址。这些遗址共同见证了东莞 3000 多年的历史，展现了水乡的历史文化传统。从遗址的住屋地面及规则的柱基遗迹来看，当时人们的居住形式是用树干支撑搭建的棚、寮。

　　东莞市地貌类型多样，平原、山地、丘陵、岗（台）地兼备。地势东南高西北低，东南部最高峰银瓶嘴山海拔高度 898.2 米，西部东江三角洲平原高度仅为 0~2 米。全市可划分为东南部低山盆地区、中南部丘陵岗地区、东北部洼地区（埔田区）及西部三角洲平原区 4 个地貌类型区。

田园风光

中堂镇所在的西部三角洲平原区属东莞市西北部东江北干流、南支流与狮子洋（珠江口）包围的区域，含中堂、万江、高埗、石碣、石龙、望牛墩、沙田、麻涌、道滘等镇区全部及厚街、东城、虎门、长安等镇区的一

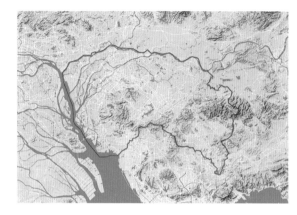

东莞市水系图（来源于谷歌地图）

部分，面积 623 平方千米，占全市陆域总面积的 25.5%。区域内河网密布，水面面积占河网区面积的 18.15%。

东莞全市共有重要河流（干流和一级支流）25 条，其中干流河道 3 条，即东江干流、东江北干流和东江南支流。中堂全镇地处东江下游，东江干流流经镇北，江岸线长约 15 千米，全境有涨、退潮现象；陆地为冲积平原，地势平坦，没有山岳丘陵，全部是平坦的旱地和水田，平均海拔仅 2.5 米。境内河网交织，为典型的水网地区。中堂镇的潢涌河长 7.9 千米，自潢涌至卢村北；中堂水道长 6.5 千米，自卢西村至小东向，倒运海水道长 18.4 千米，由斗朗至西盛，均为一级支流。

岭南珠三角地区水乡村落的空间环境，以密布的水系网络为基本的空间结构。以中堂为代表的水乡地区河流密布，分汊众多，纵横交错，其形如蛛网，状似血管，将冲积平原切割成块，天然地划分出农田、基塘、村落，呈现出珠江三角洲水乡独有的生态特色。

明朝初年，由于全国推行桑、麻、枣、棉等经济作物的种植，广东各地推广发展商品性的农业生产。由于经济效益好，珠江三角洲一带农村大规模地改造农田，弃种稻谷，转而栽果、养鱼、植桑。通过浸泡地势低洼地带，将生产条件基础较差的土地深挖形成"塘"，挖出的泥土覆盖四周形成"基"。塘用来"蓄鱼"，基面"树果木"，形成"果基鱼塘""桑基鱼塘""蔗基鱼塘""蕉

基鱼塘"等多种类型的农业生产模式。现如今，根据东莞市环保局公布的《东莞水乡特色发展经济区生态环境规划（2015 — 2030）》可知，东莞设置水乡特色发展经济区包括东莞十镇一港，总面积约 510 平方千米。中堂、麻涌等镇街及虎门港列于其中，水乡经济区将重塑基塘农业保护区，将果树种植和鱼塘养殖结合起来，重现蕉基鱼塘、果基鱼塘的岭南农业生态模式。

　　中堂的基塘农业以果基鱼塘为主，其乡村聚落外部环境为开阔平坦、成块连片、波光粼粼的基塘，村落内为广府民系地区常见的梳式布局、传统民居，具有典型的岭南水乡景观特征。

基塘农业（中堂镇文广中心提供）

中堂聚落航拍图（来源于百度地图）

靠山吃山，靠水吃水。历史上的中堂是不折不扣的鱼米之乡，衣食住行皆显水乡传统特色。中堂河流池塘，盛产鱼虾蚬螺，鱼塘和江河中的水产品，皆就近鲜活上市。

说起日常饮食，东莞的地方风味小吃有着明显的广府水乡特色，如茅根粥、厚街濑粉、道滘的裹蒸粽、钵头禾虫、禾花鲤、糖不甩、长安锦厦盆菜、粉果、炒米饼、煎堆等。中堂特色小吃以鲮鱼包和鲮鱼丝等出名。鲮鱼包，由鲮鱼脊背部位的鱼肉加工制作成饼皮，包裹特制的馅料并做成鱼状，放入用鲮鱼熬制的汤中煮食；鲮鱼丝，将新鲜鲮鱼肉团压成薄片后切丝成面条状，放入清水中煮沸1~2分钟捞起，配以冬菇丝、韭黄、葱丝等佐料，加上用鲮鱼、鸡或猪骨头熬制的高汤食用，风味独特。

中堂人还有吃蛇鼠的习惯，一般以煲汤、煲炖的菜式最受欢迎，秋冬季节还有腊老鼠干。此外，"鱼生"是水乡特有的，由于近年河涌水源不再洁净，人们已经很少食用。

中堂村一带的蚬业也很兴盛，中堂圩西南面江边处有蚬棚，是蚬民煮蚬淘肉的地方。每天煮蚬数千斤，所得蚬肉除供应中堂圩市场所需外，还到附近农村销售。至今中堂人还有食蚬肉、蚬汤的习惯，蚬汤配以蚬肉、芋头和芋梗干，入口甘鲜香浓，是一道远近扬名的地道中堂家乡菜。

淘肉后的蚬壳，大都卖给隔江不远处郭州的壳灰窑作烧壳灰用，历史上中堂境内有三四座壳灰窑。壳灰窑生产的蚬壳灰主要供中堂地区民间建房使用，由此可见当地产蚬量之大。直至二十世纪六七十年代外地石灰输入后，壳灰窑方才减产，至改革开放初期关停。

中堂传统村落 与 建筑文化

16

1.4 龙舟之乡

20世纪50年代以前，中堂百姓出门探亲访友、投圩趁市，除步行外一般依赖于小艇。经济条件好的，会雇佣客艇或乘搭渡船、雇轿。

广虎公路于1937年建成通车，中堂河江面建有大型木桥，可供汽车通过。1938年9月，中堂大桥被烧毁后，广虎公路交通全线中断。1961年，广虎公路恢复通车，中堂河江面上未建大桥，便修了中堂渡口。南北两码头均铺砌高低两级通道，以满足涨退潮不同水位时车辆上下船的需要。20世纪80年代初，交通压力陡增，中堂渡口十分繁忙，每天上午10时至傍晚，是车流高峰期，过江的汽车"排长龙"轮候上渡，排队时间短则二三十分钟，长则需要两三个小时。1983年5月，中堂大桥通车，中堂渡口同时被撤去。

各村的渡口、埠头还有不少。如在潢涌境内的横水渡就曾有官海渡口、上庙渡口、石榴园渡口、横滘渡口、黄友渡口、下庙渡口、十字滘渡口等。同时，还有潢涌至广州、东莞莞城的水运班船。

渡口

随着陆路交通条件改善，中堂所有客运轮渡在 2002 年左右已全部停航，中堂渡口南侧的东、西码头因建设需要也均已先后拆除。不过，如今很多乡村水道仍然保留着埠头，旧镇政府门前的北码头仍然见证着渡口曾经的繁荣。依托江河水道开展的"赛龙舟"传统活动，仍然保留，延续至今，并深为大众喜爱。由于当地水域资源丰富，数百年来群众性的龙舟活动广泛开展，被称为"中堂龙舟景"，保持了东莞水乡的传统体育风格。

龙舟活动是热情好客的中堂人广交朋友、团结邻里乡村的重要形式，有"趁景"和"扒标"两种类型。

各村龙舟景日一般选在不同的日期，每逢农历五月，潢涌、斗朗、江南、蕉利、湛翠、槎滘、东向等村分别在其固定的龙舟景日举行龙舟活动。斗朗在五月初二，潢涌和江南定在五月初六、马沥是五月初八……每逢某村龙舟景日到来，周边各村乃至邻近地区的"宗亲""世好"会有龙舟前往应景，称为"趁景"。龙舟活动一般以自由巡游或短距离的约定比赛为主，形式较为自由和轻松。

龙舟竞渡（中堂镇文广中心提供）

龙舟制作

"扒标"则是举办者组织的正式的龙舟锦标赛，赛前公布竞赛规程，各地参赛龙舟依此报到和参赛。若称为"大标"，则意味着比赛规模盛大，参赛者不限区域，且赛程长，奖品多，赛程连续时间长达 3~4 小时。

龙舟活动当日，一河两岸鼓声阵阵，人声鼎沸，场面壮观，热闹非凡。全村男女老少乐在其中，在外务工的乡亲此时也返乡参与划龙舟或是观看比赛，附近村镇的同姓族亲亦受邀前来，并共同参加龙舟赛后的大型宴会，共襄盛举。

中堂镇制作龙舟已有 100 余年的历史，是东莞市及邻近市县唯一有龙舟制作厂的镇区，其近些年更是声名远播，吸引了增城、博罗等区县，乃至港澳台、东南亚地区的龙舟队伍前来定制。

中堂的龙舟制作技艺已列入第二批国家级非物质文化遗产名录，具体的制作工序包括：选底骨、起底、起水、打水平、转水、做大旁、做横挡、做坐板、安龙肠、加固中肠、上桐油灰、刨光、涂清漆、制作安装龙头、安装尾舵等。制作的龙舟主要造型是"大头龙"。"大头龙"的龙头高高翘起，气宇轩昂，龙舟身形细长，形似柳叶。长 28.5 米的龙舟内，设有 28 排座位，可乘划手 56 人。龙舟分为龙头、龙尾、龙骨、龙肠、岇板诸部分，另有活动的部件包括木桨、龙艄、龙船鼓、双铜锣、龙棍及龙旗等饰物，部分龙舟的尾部还有一尊小神像，最尾端插一小龙旗。

2006 年，中国龙舟协会授予中堂镇"中国龙舟之乡"，中堂的龙舟队伍也在国际国内举办的大赛中屡获佳绩，龙舟文化已成为中堂的一张名片。

第 2 章

中堂空间格局、
村落形态及要素

————————————————

东莞地势东南高、西北低，中堂镇地处东莞西北部东江冲积而成的三角洲平原地区，该区域地势低平，水网纵横。区域外围南北山脉呈围合态势。山水景观共同建构了宏观的区域性空间格局。

流经中堂镇的江河水系划分空间格局，勾勒出空间形态，形成了水乡聚落的空间肌理。中堂镇陆地被划分为五大片区，各片区内河涌密布，多呈 Y 字形和井字形形态。村落建筑整齐排布，以梳式布局形成组团。因以水为导向，因地制宜，故而各村的朝向方位有所不同。

连片农田、水塘河涌、地堂广场、社公小庙、绿化树木及传统建筑等要素，共同组成村落景观形象。农业耕作形成开阔连续的农田景观；水体景观层次丰富，形成开合有序、亲切宜人的临水空间；绿化植物景观，有繁茂的果林、参差错落的河道绿化和独具历史人文风韵的古树名木；村前的地堂广场是村民交往活动的重要场所和空间结点；村落的传统建筑类型多样，村前首排祠堂、书塾等建筑面水而立，引领后排居住建筑，空间秩序有条不紊，容纳并积淀了乡村生活传统。

整体而言，村落环境自然灵动，空间尺度亲切宜人，景观资源丰富多样。这里的所有事物以鲜活生动的形式，诉说着中堂的历史。

2.1 空间格局：近水远山皆有情

中国古代聚落选址尤为重视山水形势，有"地理之道，山水而已"之说。山水相依相存，正如《管氏地理指蒙》所论述的山水关系："水随山而行，山界水而止。界其分域，止其逾越，聚其气而施耳。水无山则气散而不附，山无水则气寒而不理。"

根据（民国）《东莞县志》的描述，古代东莞选址依托山川大河而定。有关东莞城市的选址格局，（民国）《东莞县志》记载，"邑诸山自大庚而来循脊东下北抱中原其南迤布而隆起为罗浮垂而东包络揭岭属之海堰又逆而西至海丰新安而尽东莞则控新安而扼惠海之错壤也其水东接惠阳南达重溟虎门龙穴以为深汇总其形势肩背罗浮门户海隩要据惠潮以接漳闽雄镇东南以固省会诚严邑也"。

又载，"莞之山出嘉应州兴宁县北之大望山自是折而西又折而南入长乐县境又南行至漆木嶂折而西入惠州府永安县境又南行至南岭入归善海丰界又南行归善县境自是迤逦西南行由归善东境至归善西南境入广州府新安县界上耸而为梧桐山莞之主山也山之脉南行者至九龙寨及香港大屿山入海止其西行者至南头城福永司海止其北行入莞界者分三大条东为东条中为中条西为西条"。

上述内容详述了

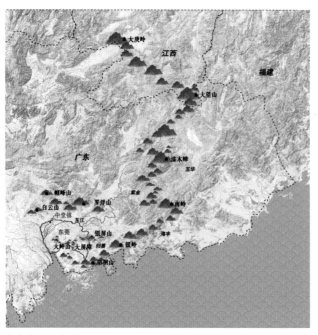

东莞选址山脉示意图

东莞选址的来龙去脉，涵盖广阔的空间跨度，自省外而至省内，自岭北达于岭南。而若从相邻区域的对应关系来看，以中堂、麻涌等镇为代表的平坦的东莞水乡地区周边，东北部是道教圣地惠州博罗罗浮山，西北部为广州帽峰山和白云山，东部则是珠三角东岸都市区的银瓶嘴山和白云嶂，诸山呈环抱围合之势，山水景观共同建构了区域性的生态格局。

就中堂而言，迢递而来的东江水，如玉带环腰，又好似环形墙垣，围护着中堂土地的"生气"，形成了"干水成垣"这一传统聚落的理想空间模式。水成为划分中堂内部村落的重要空间要素，水塘与河道相联系，河道又将村与村联系在一起。水流蜿蜒曲折，两岸土地丰沃，绿树成荫，景观秀美怡人。

2.2 村落形态：梳式布局顺水势

东莞水乡水系发达、汊流密布，区域内主要内河涌包括中心涌、南排涌、

凤冲村落形态

北排涌、北海仔、第二涌、第三滘、中心运河、东向鹤田涌、望溪河、道滘围排渠、淡水湖、南环河、鞋底沙河、立沙运河等，辖区内港口众多，水陆交通便利。

广府地区的水乡，由于社会经济发展条件的差异，历史上形成了围田区（民田区）和沙田区。围田区众多的河涌分汊将聚落建筑切割划分，形成既相互独立，又密切联系的聚落组团，聚落建筑组合形成团块形态。在沙田区则常见线形水乡村落，旧时沙田区的居民主要是在水上生活的疍民，他们以打鱼为生，没有土地所有权，最初采用船居，迁居陆上后也只是搭起船一样的简寮栖身。由于沙田区整体地势低洼，疍民只能将住屋建在临近河涌的堤围上，而堤围面积有限，尺度狭窄，一般只能容纳单排房屋的进深，所以这些沿堤围分布的住户便形成了线形形态的聚落。中堂水乡村落大多为团块形态。

镇区内水网密布，几条主要的水道包括靠近北侧的东江北流及其分支横涌海、倒运水道，南侧的中堂水道，以及潢涌河。水系将陆地划分为五大片区，各个片区内部，大小河涌类似Y字形和井字形，村落建筑群顺应水势，以河流水系为导向分布，因

河涌

江面

而呈现出多变的朝向方位和形态。

从村落的空间结构及形态来看，祠堂、庙宇等建筑面向村前河涌或池塘，引导后部的居住建筑。"三间两廊"作为基本居住单元，沿着纵向里巷规整排列，里巷与村前河涌或池塘垂直，村落整体呈"梳式布局"。

梳式布局村落航拍图（来源于百度地图）

2.3 村落要素：自然人文相和谐

传统村落的形成与发展，是人们在生产生活中，与本地自然环境条件不断适应的过程。村落的选址、格局、形态，以及由诸多要素构成的村落景观，反映出古人追求与自然和谐共生的环境理想。

从宏观的聚落景观层面来看，连片农田、水塘河涌、地堂广场、社公小庙、绿化树木、传统建筑等景观要素互为衬托，形成中堂水乡村落的空间环境及景观形态。

2.3.1 连片农田

中堂镇水网密布，地势平坦，平均海拔 2.5 米，田块高低相差不大，易于连片平整耕作。1949 年，中堂全区耕地面积 44 360 亩（29 574 812 平方米），其

农田风光

中水田面积 39 303 亩（26 203 310 平方米），旱地面积 5057 亩（3 371 502 平方米）。东部的横涌、三涌、湛翠和中部的袁家涌、吴家涌等村大部分为水田。河涌切割划分农田与聚落，形成岭南水乡特色的农业景观。

中堂地区潢涌村的"中堂第一条大围"，于清咸丰六年（1856年）修建，共护田一千余亩。

当地生产的农作物以水稻为主，其他还有蔬菜、甘蔗、黄麻、香蕉、番薯、马铃薯、雪豆、白豆和黄豆等。

2.3.2　水塘河涌

水塘与河涌共同构筑中堂水乡村落的水体景观。

村前一般会有一处水塘，联系着大小河涌，建筑、道路与驳岸构成了层次丰富的水乡景观界面，村落景观因此而更加富有生机和活力。

水鸭嬉戏

水为中堂村民进行水产、家禽养殖提供有利条件。大小河鱼游弋，鸭子

水塘

三五成群，在水中自由嬉戏觅食，趣意盎然。河道不时出现的小埠头，不仅是舟楫穿行往来，村民驻留的节点，同时也是日常邻里交往的空间场所。

此外，水塘对传统村落的防洪、防火也有着重要意义。

🌀 2.3.3　地堂广场

村前广场在岭南传统村落中十分普遍，但各地对其称谓有所不同，有"地堂""禾坪""晒谷场"或"禾埕"等称谓。该广场可用于晒谷，有交通作用，同时也是村民集体活动的主要公共场所。中堂的不少村子逢年过节，会有拜祖、游神、围餐、观演、赛龙舟等庆典活动，使得此处热闹非凡。村落前排建筑一般为祠堂、书塾，古代本村族人用来标榜身份、光耀门楣的旗杆石高高矗立在祠堂前面的广场上。经过科举应试获得功名者，其功名身份镌刻于旗杆石之上，昭示世人，激励后辈。

吴家涌吴氏宗祠被拆除后，原址另建了其他建筑物。但旧祠遗存有两对旗杆夹，并于1998年安放在

凤冲陈氏宗祠旗杆夹

东泊廖氏宗祠旗杆夹

距原宗祠正门不远的地方。旗杆夹为麻石材质，方形基座，顶部雕有狮子，其上镌刻文字：

> 光绪丁丑得会试中式第九名进士
>
> 殿试三甲第五名
>
> 朝考一等第二十名
>
> 钦点翰林院庶吉士[①]
>
> 臣吴日升立

再如，鹤田洪氏宗祠今存有旗杆夹一块，高2米，宽0.4米，刻有"同治三年壬申……中式第六十八名举人洪元熙立"字样。

东泊廖氏宗祠前左右立旗杆夹两对，麻石材质，设有基座，上刻"父子科甲"及"钦点同治乙丑科会元兵部主事廖鹤年立"字样。旗杆夹高1.25米，其底座呈方形，边长1.60米，高1.33米。

一村陈氏宗祠前树立旗杆夹，左右共两对，题刻"光绪五年巳卯科中式第一名解元陈伯陶立"。

东向村钟屋钟氏宗祠前也立有旗杆夹两块，分别题刻"举人钟维嵩辛巳年秋立""乾隆庚子科中式第十名举人钟光熊立"。

槎滘陈氏大宗祠门前立有两对旗杆夹，据其题刻文字，可辨是陈伯陶所立。

🐚 2.3.4 社公小庙

岭南传统村落村口常见体量小巧的"小庙"，祭祀庇佑村落的神灵，一般供奉土地神，人们称之为"社公""土地"，可见土地这一生产资源在古代农

[①]所谓"庶吉士"，是中国明、清两朝时翰林院内的短期职位。通过科举考试选拔人才担任，为皇帝近臣，负责起草诏书，为皇帝讲解经籍等，是内阁辅臣的主要候选人。

耕社会的重要意义。例如，在槎滘陈氏大宗祠一侧榕树下，所供奉神位，题刻"本坊社稷之神位"，湛翠村曹氏宗祠、鹤田村的洪氏宗祠、东向村的钟氏祠堂、蕉利村的爱竹莫公祠及东泊社区陈氏宗祠附近也都设有社公，题写对联，内容基本相同，即"公公公十分公道，婆婆婆一片婆心"，横批多为"保佑黎民"或"齿德俱尊"。

2.3.5 绿化树木

村落中的绿化树木，分布于几个主要的空间位置：其一，村落外围周边密植果树；其二，在村前入口处栽植榕树；其三，在河涌桥头处栽植榕树；其四，沿河道栽植树木，以本地果树为主。这些乡土气息浓郁的树木兼具观赏性和生活性，不仅装点了村落空间，营造出丰富多变的景观形态，还承载着长久以来人们形成的环境观念和风俗习惯。

中堂各村祠堂前广场的入口处常常种植有大榕树，平常人们在其树荫下纳凉休闲，很是惬意。榕树是生命力和繁殖能力的象征，常常和村口的社公庙同时出现，因此也称为"社公树"，如东向村钟氏宗祠前的大榕树，就和社公树一前一后比邻而立。除了村前广场，村落后部或河道外围，也常栽植果树或榕树。

槎滘村社公

中
堂
传
统
村
落
与
建
筑
文
化

湛翠一湖袁公祠旁大榕树

东泊陈氏宗祠旁大榕树

东向村钟氏宗祠"社公树"

湛翠村附近有一株古榕树，树干形态遒劲有力，树冠参天，枝繁叶茂，令古村增添了许多历史神韵。在潢涌村现存10余株古榕树，其中2株有500年以上树龄，5株有300年以上树龄，1株有200年以上树龄。

2.3.6 传统建筑

中堂各村的传统建筑主要有祠堂、庙宇、学宫与社学、居住建筑等类型。

传统祠堂用于供奉和祭祀祖先，举办婚、丧、寿、喜等仪式，同时还具有教化后人的功能。中堂镇的祠堂较多，分布于各个村落，如潢涌村的黎氏大宗祠、观察黎公家庙及少泉黎公祠等。

村落中的庙宇反映了当地民间信仰的习俗，一般各村都有自己的庙宇，中堂以北帝庙、天后宫、关帝庙等较为常见。前文提及的"社公"，虽没有构筑大体量的建筑空间，但也被村民视为本村的"土地庙"。

村落建筑鸟瞰

自宋至民国的近千年历史中，中堂地区各村都曾设立过数量、大小不一的塾馆。这些塾馆，按经济性质分，有公（义）塾和私塾两大类。有义塾、书舍、书馆、学馆、私塾、家塾等众多叫法。这些馆、塾所用场所，大多是村中的祠堂或是专门兴建的书塾建筑。今天保存下来的塾馆，数量已不多，对研究中堂地区的古代教育情况，有其独特的历史价值。

中堂地区历史上的居住建筑类型种类繁多，最为普遍的民居类型主要有泥砖房、"金包银"、青砖房和红砖房等。此外，明、清及民国时期各村修的供村里小孩使用的凉棚，又称"草寮""茅寮"或"茅棚"。

还有一类历史建筑，存留数量较少，如位于凤冲村北部的凤冲碉楼（当地人俗称炮楼），是为了抵御日本侵略者和土匪的侵犯而建的；位于袁家涌村村西北的福庆桥，是中堂镇现存历史最久，保存质量最好的大石桥；凤冲的人民会堂，潢涌村的文塔、古巷门楼等，也是不同历史时期遗存下来的典型历史建筑。

第 3 章

中 堂 传 统 建 筑 ①

中堂的传统建筑包括祠堂、寺庙、书塾、居住建筑、凉棚及古桥、碉楼、牌坊等类型，这些建筑有着稳定和成熟的材料工艺、形式形态，适应本地地理环境、气候条件和生活习惯，形制特征鲜明、历史信息丰富，堪为广府传统村落建筑的典型。

祠堂建筑为广府乡村聚落中建筑等级最高、质量最好的核心建筑，祠堂是联系村民的纽带，这里不仅是族人进行祭祖活动的场所，也是族人进行节庆聚会、红白喜事等公众活动的地方。因兴建、修缮、复建时间跨度大，中堂各村祠堂保存了大量具有鲜明历史性特征的建筑构件，随时代变迁而积累了丰富的历史信息。

明清以来，寺庙在中堂大量出现，成为当地村民世俗生活的寄托。传说始建于宋的觉华寺目前虽已无古建筑存留，但其曾经作为莞邑八景之一，是本地佛教寺院的代表；民间信仰的庙宇一般在各村均有建造。民间奉祀神灵多种多样，其中水乡地区民间所崇信的司水神北帝、天后地位尤为显赫。从建筑形制及规模来看，在中堂历史上享有盛名的觉华寺拥有自己的寺田，寺院建设规模庞大，殿堂、楼阁一应俱全，而各村自行建造的大量庙宇则小巧许多，除个别为两进，大部分为单开间单进的小型建筑。

由于人口增加，中堂镇拆旧建新现象普遍。保留的传统民居数量十分有限。据史料及现存民居可知，传统居住建筑多为砖木结构，使用青砖或泥砖砌筑墙身，质量较好的民居会采用红砂岩作为墙基，屋顶及内部阁楼使用杉木构造。建筑形制主要有单开间的直头屋、双开间的明字屋和三开间的三间两廊等，均为广府地区常见形制。村中偶尔可见近代修建的二层居住建筑，局部使用当时流行的拱券和西式柱式，使用"水刷石"饰面。自二十世纪八九十年代以来，人们逐渐建造以钢筋、水泥为材料的多层现代楼房，但是建屋过程中的习俗讲究至今仍延续传统，如择"吉日"的传统，"封顶"摆席庆贺的仪式等。

"凉棚"是富有岭南水乡特色的独特建筑类型，曾经广泛存在于珠三角的东莞、中山、珠海等地市的水乡村落。中堂中西部的村落多将其建于村前水塘一侧，人们喜于在此纳凉、聊天、打牌、游戏和睡觉休息。传统形式的"凉棚"为竹木结构的干阑式建筑，可谓是见证水乡生活习俗的"活化石"。

会堂、古桥、古塔、巷道门楼、碉楼及牌坊等其他类型建筑，数量虽然不多，但村落建筑景观因其存在而更显丰富。

---

① 本章有关建筑的年代、尺度信息由中堂镇文化广播电视服务中心提供。

3.1 祠堂建筑

自明代以来，珠江三角洲广府地区的广州、东莞、南海、顺德、中山等地的经济繁荣发展，宗族制度趋于成熟，民间大量兴建祠堂建筑，由此形成了广府地区发达的宗祠文化。

有着独特地域化特征的祠堂，是广府乡村聚落中建筑等级最高，建筑材质最好，装饰工艺最佳的核心建筑，可谓村落中最为亮丽的建筑景观。祠堂不仅是进行祭祖活动的主要场所，也是村民族人进行节庆聚会、红白喜事、公众活动的地方。祠堂往往因兴建、修缮、复建时间跨度大，保存着大量具有鲜明历史性特征的建筑构件，随时代变迁而积累了丰富的历史信息。

中堂历史上修建的祠堂数量庞大，颇为兴盛。以潢涌为例，2005 年村里曾统计清点，尚留存的祠堂有 20 座，而拆毁的祠堂达 49 座。如今，中堂的村落依然保留不少的祠堂建筑，有些祠堂仍然发挥着传统功能。这些祠堂历经沧桑，沉淀了宗族迁徙、安居的历史，沉淀了社会变迁的历史，更沉淀了崇宗敬祖、耕读传家的儒家思想。

如潢涌黎氏大宗祠，首进高挂钦旌牌匾书写"德本"二字。祠内存有两块 1 人多高的古碑刻，制于明永乐十三年（1415 年），立于祠堂大门两侧。碑身为青黑石材，碑身底部为红砂岩承托，碑身分栏镌刻碑文，署"东莞黎氏祠堂碑记"，分别为元代赵孟𬣳的《黎氏祠堂记》、明代陈琏的五言体诗和明代陈用元文章，以及宋代李春叟、明代答禄与权和明代赵宜讷的文章。

从碑文记述的祠堂兴废过程来看，祠堂"义塾"的兴建，体现黎氏家风，教导有方，同时彰显"子孙报本尊祖之心"。

> 黎氏有祠矣，复有学以固其孝悌追远之心。黎氏祖父善于训子孙，而鉴等族昆弟善于绳祖父，盖将传百世不朽。是不可不书以俟观民风者也。
>
> 宋季世尝旌其孝义，署其里曰"德本"。因建祠买田以奉祭事，又置义塾，延名师以教族之子弟。由是黎氏以儒术起家，典校官，宰州县，登台阁者，

代不乏人。

中堂镇的祠堂建筑中被广东省人民政府公布为省级文物保护单位的有黎氏大宗祠、观察黎公家庙、荣禄黎公祠、京卿黎公家庙四座，被评为东莞市文物保护单位的有凤冲村陈氏宗祠及胜起家祠。

从中堂镇保存质量好、有代表性的44座祠堂可知，中堂镇现存祠堂建筑始建年代大致分为宋、元、明和清代四个时期。始建于南宋的有潢涌村的黎氏大宗祠，占调研祠堂建筑2%；始建于元代的有一村村的陈氏宗祠，占调研祠堂建筑2%；始建于明代的有11座，占调研祠堂建筑25%；始建于清代的有29座，占调研祠堂建筑66%；另有两座祠堂的始建年代不详，分别是东泊社区的景胜廖公祠及湛翠村的曹氏宗祠。

从平面形制上进行分析，一路两进三开间形制是主导形式，这种祠堂共有28座，占64%；一路三进三开间的祠堂共有14座祠堂，占32%；还有潢涌村的观澜黎公祠平面形制是一路两进五开间，黎氏大宗祠平面形制为三路三进三开间。

中堂镇祠堂建筑的石材主要有红砂岩、花岗岩麻石及咸水石。红砂岩常见于祠堂的墙裙、门套、铺地及柱子；花岗岩麻石常见于墙身、柱子和铺地；咸水石常见于铺地。

从祠堂建筑形态来看，前堂正脊为陶脊的祠堂比例为13%；前堂正脊为博古脊的祠堂比例为41%，前堂正脊为龙船脊的比例为34%；垂脊（山墙）为飞带的有17座，占39%；垂脊为直带的有12座，占27%；垂脊为直带博古的有

8座，占18％；山墙为镬耳山墙的有5座，占11％。44座祠堂中，有12座为凹斗门式入口，32座为门堂式入口。其中，头门前檐檐枋梁架采用石虾弓梁架的有12座，采用木梁木驼峰（或柁墩）梁架的有20座。

珠三角广府祠堂建筑主要采用一种北方抬梁式构架和南方穿斗式构架相结合的混合梁架，称为"插梁式构架"。在广府民系祠堂建筑中又大致分为驼峰斗拱式、瓜柱式、博古式等形式。在同一座祠堂建筑中，常采用多种形式的梁架做法。

中堂有的祠堂建筑门前矗立石狮，显得威严、庄重。潢涌的宗祠建筑群中，观察黎公家庙、荣禄黎公祠与京卿黎公家庙门前均屹立着一对花岗岩石狮子。观察黎公家庙始建于清道光年间，其门前石狮形态凹凸有致，以云纹图案装饰全身，狮头眼部轮廓硕大，显示出孔武有力的精气神儿。比较而言，同时期的荣禄黎公祠、清咸丰年间京卿黎公家庙的门前石狮，形态线条则较为柔和。

3.1.1　潢涌村祠堂

观澜黎公祠

潢涌观澜黎公祠位于中堂镇潢涌村德本坊，系潢涌黎氏十世祖士芳（号观澜）家祠，始建于清代。该祠坐北向南，面阔17.2米，通进深22.88米，砖木石混

观澜黎公祠驼峰斗拱梁架

合结构。从入口前檐梁枋的柱间来看为三开间，其两侧有稍间，实际上是五开间。前堂及后堂正脊皆为龙船脊，后堂梁架为驼峰斗拱梁架。

黎氏大宗祠

关于潢涌黎氏大宗祠的始建年份有多种说法，据《潢涌村志》（2010年版）记载，始建年份约为南宋理宗绍定六年（1233年）。建筑坐北向南，临河而建，祠堂坐向及布局有"三元不败局"的传说，称其布局形似一只大龟。自南宋始建至今，黎氏大宗祠先后经过7次较大规模的重建、修缮和扩建。2006年5月至2007年2月，在原有祠堂的后部增建了一个后花园，当地人称为"荫后园"。2004年9月，祠堂被评为东莞市"文物八景"之一，景称"潢涌宋祠"。

黎氏大宗祠的平面格局为三路三进三开间，通面阔39.4米，通进深54.6米，心间4.7米，次间3.6米。前堂采用二塾台无塾间的门堂式，前堂深3米。前堂正脊为陶脊，垂脊为飞带；中堂正脊为陶脊，垂脊为飞带；后堂正脊为陶脊，垂脊为飞带。前堂前檐檐枋梁架为木月梁木驼峰斗拱梁架，前堂前檐梁架为驼峰斗拱梁架，后堂梁架为沉式瓜柱梁架。

黎氏大宗祠

黎氏大宗祠中堂（1）

黎氏大宗祠中堂（2）

黎氏大宗祠中堂左路

黎氏大宗祠古碑

观察黎公家庙

观察黎公家庙的平面格局为一路两进三开间，通面阔12.1米，通进深16.5米，心间5米，次间3.2米。前堂采用二塾台二塾间的门堂式，前堂深1.9米，内深2.6米，后堂深7.3米。前堂及后堂正脊皆为龙船脊，垂脊为飞带。前堂前檐檐枋梁架为石虾弓梁石金花狮子梁架，前堂前檐梁架为柁墩斗拱梁架，后堂梁架为沉式瓜柱梁架，天井侧廊为博古梁架。

观察黎公家庙　　　　　　　观察黎公家庙后堂

荣禄黎公祠

荣禄黎公祠的平面格局为一路三进三开间，通面阔11.5米，通进深42.1米。前堂采用二塾台二塾间的门堂式。前堂正脊据推断为陶脊，垂脊为直带，中堂及后堂正脊为陶脊。前堂前檐檐枋梁架为石虾弓梁石金花狮子梁架，前堂前檐梁架为柁墩斗拱梁架。

荣禄黎公祠

京卿黎公家庙

京卿黎公家庙的平面格局为一路两进三开间，右侧设厢房，祠外保留前院和两院，建筑面积约为228.8平方米，通面阔12米，通进深21.1米，心间4.7米，次间3.3米。前堂采用二塾台二塾间的门堂式，前堂深2.8米，内深2.5米，后堂深8.8米。前堂及后堂正脊皆为博古脊，垂脊为直带博古。前堂前檐檐枋梁架为石虾弓梁石金花狮子梁架，前堂前檐梁架为柁墩斗拱梁架，后堂梁架为沉式瓜柱梁架，天井侧廊为博古梁架。

京卿黎公家庙

京卿黎公家庙瓜柱梁架

少泉黎公祠

　　少泉黎公祠的平面格局为一路两进三开间，左侧设厢房，通面阔 16.5 米，通进深 20 米，心间 4 米，次间 3.8 米。前堂采用二塾台二塾间的门堂式，前堂深 2 米，内深 3.2 米，后堂深 8.3 米。前堂正脊为龙船脊，垂脊为直带。前堂前檐檐枋为石虾弓梁，前堂前檐及后堂梁架皆为沉式瓜柱梁架。

少泉黎公祠

3.1.2　三涌村祠堂

文泰郭公祠

　　文泰郭公祠的平面格局为一路两进三开间，通面阔 10.9 米，通进深 18.6 米。前堂采用凹斗门式。前堂及后堂正脊皆为龙船脊，垂脊为直带。

文泰郭公祠匾额

文泰郭公祠

郭氏宗祠

郭氏宗祠的平面格局为一路三进三开间，通面阔 17.8 米，通进深 36.1 米。前堂采用二塾台二塾间的门堂式。前堂正脊皆为博古脊，山墙为镬耳山墙。前堂前檐檐枋梁架为木直梁木柁墩斗拱梁架，前堂前檐梁架为驼峰斗拱梁架。

郭氏宗祠匾额

郭氏宗祠梁架

🌀 3.1.3 湛翠村祠堂

袁氏宗祠

袁氏宗祠的平面格局为一路三进三开间，通面阔 11.4 米，通进深 29.3 米。前堂采用二塾台门堂式。前堂正脊皆为陶脊，垂脊为飞带。前堂前檐檐枋为石虾弓梁。

袁氏宗祠中堂

曹氏宗祠

曹氏宗祠的平面格局为一路两进三开间，通面阔 11.9 米，通进深 31.5 米。前堂采用二塾台门堂式，前堂正脊为陶脊，垂脊为飞带。前堂前檐檐枋为石虾弓梁。

一湖袁公祠（南）

一湖袁公祠（南）的平面格局为一路两进三开间，通面阔 9.5 米，通进深 11.5 米，外观两进相连，高两层，内北面设楼梯上二层。

一湖袁公祠（北）

一湖袁公祠（北）的平面格局为一路三进三开间，通面阔 19.1 米，通进深 35.3 米。前堂采用二塾台门堂式。1995 年重修，瓷砖贴面，推测正脊以前为龙船脊。前堂前檐檐枋梁架为木直梁木驼峰斗拱梁架。

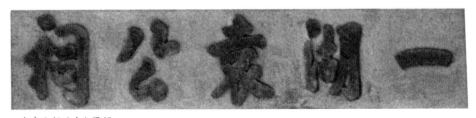

一湖袁公祠（南）匾额

一湖袁公祠（北）

3.1.4 凤冲村祠堂

陈氏宗祠

陈氏宗祠的平面格局为一路两进三开间，通面阔 11 米，通进深 22.7 米。前堂采用二塾台二塾间的门堂式。前堂及后堂正脊皆为龙船脊，山墙为镬耳山墙。前堂前檐梁架为驼峰斗拱梁架，后堂梁架为穿式瓜柱梁架，天井侧廊为穿式瓜柱梁架。

陈氏宗祠

陈氏宗祠后堂

陈氏宗祠穿式瓜柱梁架

胜起家祠

胜起家祠的平面格局为一路两进三开间，通面阔 10.8 米，通进深 20.3 米。前堂采用凹斗门式。前堂及后堂正脊皆为龙船脊，山墙为镬耳山墙。后堂梁架为沉式瓜柱梁架，天井侧廊为沉式瓜柱梁架。

胜起家祠 (1)

胜起家祠 (2)

悦溪陈公祠

悦溪陈公祠的平面格局为一路两进三开间，通面阔 8.6 米，通进深 9.5 米。前堂采用凹斗门式。前堂及后堂正脊皆为龙船脊，山墙为镬耳山墙。

悦溪陈公祠匾额

3.1.5　袁家涌村祠堂

袁氏宗祠

现存祠堂的主体部分被改建成露天剧场，20 世纪 90 年代后，部分厢房改建为村务办公室，仅存的正立面墙壁亦已改建。现存建筑通面阔 27.2 米，通进深 42 米。

克顺袁公祠

克顺袁公祠的平面格局为一路两进三开间，通面阔 9.8 米，通进深 18.7 米。前堂采用凹斗门式。2003 年重修，瓷砖贴面，垂脊为直带。

袁氏宗祠匾额

克顺袁公祠匾额

克顺袁公祠

太枢袁公祠

太枢袁公祠的平面格局为一路两进三开间，通面阔 10.8 米，通进深 18.7 米。前堂采用凹斗门式。2003 年重修，瓷砖贴面，垂脊为直带。

太枢袁公祠匾额

太枢袁公祠

慕庄公祠

慕庄公祠的平面格局为一路三进三开间，通面阔 7.8 米，通进深 20.3 米。前堂采用凹斗门式，前堂正脊为博古脊，垂脊为直带。

慕庄公祠匾额

东晓吕公祠

东晓吕公祠的平面格局为一路两进三开间，通面阔 10.7 米，通进深 19.2 米。前堂采用二塾台门堂式。前堂正脊为龙船脊，垂脊为飞带。前堂前檐檐枋梁架为木直梁木驼峰斗拱梁架，前堂前檐梁架为柁墩斗拱梁架。

东晓吕公祠

东晓吕公祠匾额

东晓吕公祠梁架

鉴祥袁公祠

鉴祥袁公祠的平面格局为一路两进三开间，通面阔 8.8 米，通进深 11.9 米。前堂采用凹斗门式。前堂正脊为博古脊，垂脊为直带。

鉴祥袁公祠匾额

鉴祥袁公祠

3.1.6　吴家涌村祠堂

文林郎吴公祠

文林郎吴公祠的平面格局为一路两进三开间，通面阔 11.2 米，通进深 33.4 米。前堂采用二塾台二塾间的门堂式。前堂正脊为博古脊，垂脊为直带博古。前堂前檐檐枋为木月梁，前堂前檐梁架为沉式瓜柱梁架。

文林郎吴公祠

文林郎吴公祠匾额

文林郎吴公祠沉式瓜柱梁架

3.1.7 东泊社区祠堂

廖氏宗祠

廖氏宗祠的平面格局为一路两进三开间，通面阔 10.6 米，通进深 19.5 米。前堂采用无塾台二塾间的门堂式。前堂及后堂正脊皆为龙船脊，垂脊为飞带。前堂前檐檐枋梁架为木直梁木驼峰斗拱梁架，前堂前檐为柁墩斗拱梁架，后堂前檐梁架为驼峰斗拱梁架，后堂当心间梁架形式为穿式瓜柱梁架，天井侧廊为穿式瓜柱梁架。

廖氏宗祠 (1)

廖氏宗祠 (2)

廖氏宗祠后堂

景胜廖公祠

景胜廖公祠的平面格局为一路两进三开间，通面阔 9.35 米，通进深 19.9 米。前堂采用无塾台二塾间的门堂式。前堂正脊为博古脊，垂脊为飞带，后堂正脊为龙船脊。前堂前檐檐枋为木直梁，前堂前檐梁架为柁墩斗拱梁架，后堂前檐梁架为驼峰斗拱梁架，后堂当心间梁架为沉式瓜柱梁架，天井侧廊为博古梁架。

景胜廖公祠

陈氏宗祠

陈氏宗祠的平面格局为一路三进三开间，通面阔 10.7 米，通进深 30.5 米。前堂采用二塾台二塾间的门堂式。前堂正脊为龙船脊，垂脊为飞带，中堂正脊为龙船脊。前堂前檐檐枋为木虾弓梁，前堂前檐梁架为驼峰斗拱梁架，后堂梁架为穿式瓜柱梁架。

陈氏宗祠

陈氏宗祠中堂

刘氏宗祠

刘氏宗祠的平面格局是一路两进三开间，通面阔 10.8 米，通进深 17.4 米。前堂采用二塾台二塾间的门堂式。前堂正脊为博古脊，垂脊为飞带，后堂正脊为龙船脊。前堂前檐檐枋为木虾弓梁，前堂前檐梁架为驼峰斗拱梁架，后堂梁架为沉式瓜柱梁架。

刘氏宗祠沉式瓜柱梁架

3.1.8 一村村祠堂

陈氏宗祠

陈氏宗祠的平面格局为一路三进三开间，通面阔 12.1 米，通进深 25.7 米。前堂采用二塾台二塾间的门堂式。前堂正脊为龙船脊，垂脊为飞带。前堂前檐檐枋梁架为木月梁木驼峰斗拱梁架，前堂前檐梁架为驼峰斗拱梁架。

陈氏宗祠

陈氏宗祠檐枋驼峰斗拱梁架

3.1.9 东向村祠堂

钟氏宗祠

钟氏宗祠的平面格局为一路三进三开间，通面阔12.5米，通进深35.2米。前堂采用二塾台二塾间的门堂式。前堂正脊为龙船脊，垂脊为飞带。前堂前檐檐枋梁架为石虾弓梁石金花狮子梁架，前堂前檐梁架为驼峰斗拱梁架，后堂前檐梁架为沉式瓜柱梁架。

钟氏宗祠

冯氏宗祠

冯氏宗祠的平面格局为一路三进三开间，通面阔11.2米，通进深30.8米。前堂采用二塾台二塾间的门堂式，前堂正脊为龙船脊，垂脊为飞带。二、三进

冯氏宗祠 (1)

正脊均为龙船脊。前堂前檐檐枋梁架为木直梁木驼峰斗拱梁架，前堂前檐梁架为驼峰斗拱梁架，后堂梁架为穿式瓜柱梁架，天井侧廊为穿式瓜柱梁架。

冯氏宗祠 (2)

冯氏宗祠 (3)

冯氏二世祖祠

　　冯氏二世祖祠的平面格局为一路两进三开间，通面阔10.2米，通进深20.2米。前堂采用无塾台二塾间的门堂式。前堂正脊为龙船脊，垂脊为飞带。后堂正脊为龙船脊。前堂前檐檐枋梁架为木直梁木驼峰斗拱梁架，前堂前檐梁架为驼峰斗拱梁架。

冯氏二世祖祠前堂前檐驼峰斗拱梁架

冯氏二世祖祠

3.1.10　斗朗社区祠堂

霍氏宗祠

霍氏宗祠的平面格局为一路三进三开间，通面阔 14 米，通进深 34.9 米。前堂采用二塾台无塾间的门堂式。前堂正脊为石湾陶塑正脊，垂脊为飞带。二、三进正脊为龙船脊。前堂前檐檐枋梁架为石虾弓梁石金花狮子梁架，前堂前檐梁架为柁墩斗拱梁架。

霍氏宗祠匾额

霍氏宗祠前堂前檐柁墩斗拱梁架

泓聚霍公祠

泓聚霍公祠的平面格局为一路两进三开间，通面阔 8 米，通进深 19 米。前堂为门堂式。前堂正脊为博古脊，垂脊为直带博古。后堂正脊为龙船脊。前堂前檐檐枋梁架为石虾弓梁石金花狮子梁架，前堂前檐梁架为柁墩斗拱梁架。

泓聚霍公祠匾额

泓聚霍公祠柁墩斗拱梁架

3.1.11 江南社区祠堂

钟氏宗祠

钟氏宗祠的平面格局为一路三进三开间，通面阔 14.7 米，通进深 42 米。前堂为门堂式。前堂正脊为博古脊，垂脊为直带博古。前堂前檐檐枋梁架为石虾弓梁石金花柁墩梁架，前堂前檐梁架为驼峰斗拱梁架。

钟氏宗祠

3.1.12 槎滘村祠堂

黎氏祠堂

黎氏祠堂的平面格局为一路三进三开间，通面阔 13.8 米，通进深 42.7 米。前堂采用门堂式。前堂正脊为陶脊，垂脊为直带。

陈氏大宗祠

陈氏大宗祠的平面格局为一路三进三开间，通面阔 12.1 米，通进深 27.9 米。前堂采用无塾台门堂式。前堂正脊为博古脊，垂脊为直带博古。前堂前檐檐枋梁架为木直梁木驼峰斗拱梁架，前堂前檐梁架为沉式瓜柱梁架。

黎氏祠堂

陈氏大宗祠 (1)

陈氏大宗祠 (2)

罗氏宗祠

　　罗氏宗祠的平面格局为一路三进三开间，通面阔 12.3 米，通进深 33.9 米。前堂采用无垫台无垫间的门堂式。前堂正脊为博古脊，垂脊为直带博古。二、三进正脊为龙船脊。前堂前檐檐枋梁架为石虾弓梁石金花狮子梁架，前堂前檐梁架为柁墩斗拱梁架。

罗氏宗祠 (1)

罗氏宗祠 (2)

罗氏宗祠前堂柁墩斗拱梁架

月钓黎公祠

月钓黎公祠的平面格局为一路两进三开间，通面阔 11.3 米，通进深 19.7 米。前堂采用无塾台二塾间的门堂式。前堂正脊为博古脊，垂脊为直带。前堂前檐檐枋梁架为木直梁木驼峰斗拱梁架。

月钓黎公祠

月钓黎公祠前堂前檐檐枋驼峰斗拱梁架

仰直黎公祠

仰直黎公祠的平面格局为一路两进单开间，通面阔 6 米，通进深 12.5 米。前堂正脊为博古脊，垂脊为直带，后堂正脊为龙船脊。

仰直黎公祠匾额

耕云黎公祠

耕云黎公祠的平面格局为一路两进三开间，通面阔 11.3 米，通进深 19.7 米。前堂采用无塾台二塾间的门堂式。前堂正脊为博古脊，垂脊为直带。前堂前檐檐枋梁为石虾弓梁。

3.1.13 马沥村祠堂

桂苑徐公祠

桂苑徐公祠的平面格局为一路两进三开间，通面阔 8.62 米，通进深 15.75 米。前堂采用无塾台二塾间的门堂式。前堂正脊为博古脊，垂脊为飞带，后堂正脊为龙船脊。前堂前檐梁架为博古梁架。

桂苑徐公祠匾额

桂苑徐公祠

健荞徐公祠

　　健荞徐公祠的平面格局为一路两进三开间，通面阔 8.88 米，通进深 15.6 米。前堂采用凹斗门式。前堂正脊为博古脊，垂脊为飞带，后堂正脊为龙船脊，垂脊为直带。天井侧廊为博古梁架，后堂梁架为穿式瓜柱梁架。

健荞徐公祠 (1)

健莘徐公祠 (2)

◎ 3.1.14　四乡村祠堂

郭氏宗祠

郭氏宗祠的平面格局为一路两进三开间，通面阔 10.7 米，通进深 20 米。前堂采用二塾台二塾间的门堂式，前堂正脊为博古脊，山墙为镬耳山墙，后堂正脊为龙船脊。前堂前檐檐枋梁架为木直梁木驼峰斗拱梁架，前堂前檐梁架为柁墩斗拱梁架，后堂前檐梁架为驼峰斗拱梁架，当心间梁架形式为沉式瓜柱梁架，天井侧廊为沉式瓜柱梁架。

69

郭氏宗祠后堂沉式瓜柱梁架

郭氏宗祠柁墩斗拱梁架

郭氏宗祠

3.1.15　蕉利村祠堂

爱竹莫公祠

爱竹莫公祠的平面格局为一路两进两开间，通面阔 9 米，通进深 13.35 米。前堂采用凹斗门式。2004 年重修，瓷砖贴面，垂脊为直带。

西溪莫公祠

西溪莫公祠的平面格局为一路两进三开间，通面阔 9.42 米，通进深 16.8 米。前堂采用无塾台二塾间的门堂式。前堂正脊为博古脊，垂脊为直带。后堂正脊为龙船脊，垂脊为直带。前堂前檐檐枋梁架为木虾弓梁木柁墩斗拱梁架，前堂前檐梁架为柁墩斗拱梁架，后堂梁架为沉式瓜柱梁架。

西溪莫公祠

中堂祠庙堂建筑形制，见下表。

中堂祠堂建筑信息表

序号	区位	建筑名称	始建或维修年代	平面形制	主要材质	正脊	垂脊（山墙）	门堂前檐檩枋梁架/前檐梁架
1	潢涌村	观澜黎公祠	始建于清代	一路两进五开间	花岗岩	头门正脊为龙船脊	飞带	木月梁/沉式瓜柱梁架
2	潢涌村	黎氏大宗祠	始建于南宋绍定六年（1233年）	三路三进三开间	红砂岩、花岗岩	头门正脊和中堂正脊皆为陶脊	飞带	木月梁木驼峰斗拱梁架/驼峰斗拱梁架
3	潢涌村	观察黎公家庙	始建于清道光年间（1821—1850年）	一路两进三开间	红砂岩、花岗岩	头门及寝堂正脊为龙船脊	飞带	石虾弓梁石金花狮子梁架/柁墩斗拱梁架
4	潢涌村	荣禄黎公祠	始建于清道光年间（1821—1850年）	一路三进三开间	红砂岩、花岗岩	头门正脊为陶脊，中堂及寝堂正脊为陶脊	直带	石虾弓梁石金花狮子梁架/柁墩斗拱梁架
5	潢涌村	京卿黎公家庙	始建于清咸丰年间（1851—1861年），2012年修缮	一路三进三开间	红砂岩、花岗岩	头门正脊为陶脊	直带博古	石虾弓梁石金花狮子梁架/柁墩斗拱梁架
6	潢涌村	少泉黎公祠	始建于清代，民国二年（1913年）重修，1995年再次重修	一路两进三开间	红砂岩	头门正脊为龙船脊	直带	石虾弓梁/沉式瓜柱梁架
7	三涌村	文奉郭公祠	始建于清代	一路两进三开间	红砂岩	头门及寝堂正脊皆为龙船脊	直带	—
8	三涌村	郭氏宗祠	可能始建于明代中后期	一路三进三开间	红砂岩	头门正脊为博古脊	镶耳山墙	木直梁木柁墩斗拱梁架/驼峰斗拱梁架
9	湛翠村	袁氏宗祠	始建于清代，1997年在原址重建	一路三进三开间	花岗岩	头门正脊为陶脊	飞带	石虾弓梁

序号	区位	建筑名称	始建或维修年代	平面形制	主要材质	正脊	垂脊（山墙）	门堂前檐檐枋梁架/前檐梁架
10	湛翠村	曹氏宗祠	始建年份不详，1998年在原址重建	一路两进三开间	花岗岩	头门正脊为陶脊	飞带	石虾弓梁
11	湛翠村	一湖袁公祠（南）	始建的确切年份不详，不迟于明代，1991年重建	一路两进三开间	红砂岩	—	—	—
12	湛翠村	一湖袁公祠（北）	该祠始建于明代，1947年重修，1995年重修成现状	一路三进三开间	红砂岩	头门正脊为龙船脊	飞带	木直梁木驼峰斗拱梁架
13	凤冲村	陈氏宗祠	始建于清道光年间（1821—1850年），2006年重修	一路两进三开间	红砂岩、咸水石	头门及寝堂正脊皆为龙船脊	镬耳山墙	木直梁/驼峰斗拱梁架
14	凤冲村	胜起家祠	始建于清光绪十七年（1891年），2006年，重修	一路两进三开间	红砂岩、咸水石	头门及寝堂正脊皆为龙船脊	镬耳山墙	—
15	凤冲村	悦溪陈公祠	始建于清代	一路两进三开间	红砂岩	头门及寝堂正脊皆为龙船脊	镬耳山墙	—
16	袁家涌村	袁氏宗祠	始建于清嘉庆年间（1796—1820年），20世纪70年代部分改造，90年代后部分改建成剧场	—	—	—	—	—
17	袁家涌村	克顺袁公祠	始建于清道光辛巳年（1821年），1933年重修过一次，2003年重修成现状	一路两进三开间	红砂岩	2003年重修，瓷砖饰面	直带	—

中堂传统村落 与 建筑文化

74

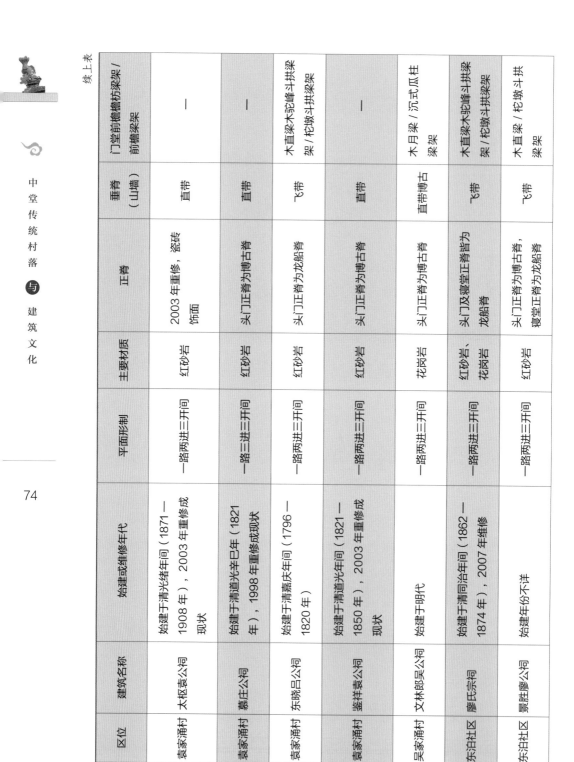

序号	区位	建筑名称	始建或维修年代	平面形制	主要材质	正脊	垂脊（山墙）	门堂前檐檐枋梁架/前檐梁架
18	袁家涌村	太枢袁公祠	始建于光绪年间（1871—1908年），2003年重修成现状	一路两进三开间	红砂岩	2003年重修，瓷砖饰面	直带	—
19	袁家涌村	慕庄公祠	始建于清道光辛巳年（1821年），1998年重修成现状	一路三进三开间	红砂岩	头门正脊为博古脊	直带	—
20	袁家涌村	东晓吕公祠	始建于清嘉庆年间（1796—1820年）	一路两进三开间	红砂岩	头门正脊为龙船脊	飞带	木直梁木陀峰斗拱梁架/枡墩斗拱梁架
21	袁家涌村	鉴祥袁公祠	始建于清道光年间（1821—1850年），2003年重修成现状	一路两进三开间	红砂岩	头门正脊为博古脊	直带	—
22	吴家涌村	文林郎吴公祠	始建于明代	一路两进三开间	花岗岩	头门正脊为博古脊	直带博古	木月梁/沉式瓜柱梁架
23	东泊社区	廖氏宗祠	始建于清同治年间（1862—1874年），2007年维修	一路两进三开间	红砂岩、花岗岩	头门及寝堂正脊皆为龙船脊	飞带	木直梁木陀峰斗拱梁架/枡墩斗拱梁架
24	东泊社区	景胜廖公祠	始建年份不详	一路两进三开间	红砂岩	头门正脊为博古脊，寝堂正脊为龙船脊	飞带	木直梁/枡墩斗拱梁架

序号	区位	建筑名称	始建或维修年代	平面形制	主要材质	正脊	垂脊（山墙）	门堂前檐檐枋梁架/前檐梁架
25	东泊社区	陈氏宗祠	始建于1488年，经历多次维修，1998年重修	一路三进三开间	红砂岩、花岗岩	头门正脊和中堂正脊皆为龙船脊	飞带	木虾弓梁/驼峰斗拱梁架
26	东泊社区	刘氏宗祠	始建于1843年，1925年重建，1994年重修成现状	一路两进三开间	红砂岩	头门正脊皆为博古脊，寝堂正脊为龙船脊	飞带	木虾弓梁/驼峰斗拱梁架
27	一村村	陈氏宗祠	始建于1328年，2002年3月重修成现状	一路三进三开间	红砂岩、花岗岩	头门正脊为龙船脊	飞带	木月梁木驼峰斗拱梁架/驼峰斗拱梁架
28	东向村	钟氏宗祠	始建于明代，2001年重修	一路三进三开间	红砂岩、花岗岩、咸水石	头门正脊为龙船脊	飞带	石虾弓梁石金花狮子梁架/驼峰斗拱梁架
29	东向村	冯氏宗祠	始建于清代	一路三进三开间	红砂岩	头门正脊为龙船脊，中堂、寝堂正脊均为龙船脊	飞带	木直梁木驼峰斗拱梁架/驼峰斗拱梁架
30	东向村	冯氏二世祖祠	始建于清代	一路两进三开间	红砂岩	头门正脊为龙船脊，寝堂正脊为龙船脊	直带	木直梁木驼峰斗拱梁架/驼峰斗拱梁架
31	斗朗社区	霍氏宗祠	始建于明代，抗战胜利后重建，1998年重修	一路三进三开间	花岗岩	头门正脊为石湾陶塑正脊，中堂、寝堂正脊为龙船脊	飞带	石虾弓梁石金花狮子梁架/枕墩斗拱梁架

序号	区位	建筑名称	始建或维修年代	平面形制	主要材质	正脊	垂脊（山墙）	门堂前檐檐枋梁架/前檐梁架
32	斗朗社区	泓聚霍公祠	始建于明代，2007年重修现状	一路两进三开间	花岗岩	头门正脊为博古脊，寝堂正脊为龙船脊	直带博古	石虾弓梁石金花狮子梁架/枕墩斗拱梁架
33	江南社区	钟氏宗祠	始建于明洪武年间（1368—1398年），2004年重建成现状	一路三进三开间	花岗岩	头门正脊为博古脊	直带博古	石虾弓梁石金花枕墩梁架/驼峰斗拱梁架
34	槎滘村	黎氏祠堂	始建于明嘉靖丁亥年(1527年)，2009—2011年重建	一路三进三开间	花岗岩	头门正脊为陶脊	直带	驼峰斗拱梁架
35	槎滘村	陈氏大宗祠	始建于1866年	一路三进三开间	花岗岩	头门正脊为博古脊	直带博古	木直梁木驼峰斗拱梁架/沉式瓜柱梁架
36	槎滘村	罗氏宗祠	始建于清代，民国丁卯年（1927年）重建成现状	一路三进三开间	花岗岩	头门正脊为博古脊，中堂和寝堂正脊为龙船脊	直带博古	石虾弓梁石金花狮子梁架/枕墩斗拱梁架
37	槎滘村	月钓黎公祠	始建于1903年	一路两进三开间	红砂岩、花岗岩	头门正脊为博古脊	直带	木直梁木驼峰斗拱梁架
38	槎滘村	仰直黎公祠	始建于明代	一路两进单开间	红砂岩	头门正脊为博古脊，寝堂正脊为龙船脊	直带	—
39	槎滘村	耕云黎公祠	始建于清末	一路两进三开间	红砂岩、花岗岩	头门正脊为博古脊	直带博古	石虾弓梁

序号	区位	建筑名称	始建或维修年代	平面形制	主要材质	正脊	垂脊（山墙）	门堂前檐檐枋梁架／前檐梁架
40	马沥村	桂苑徐公祠	始建于清代，清嘉庆二年（1797年）有重修，1994年重修成现状	一路两进二开间	红砂岩、花岗岩	头门正脊为博古脊，寝堂正脊为龙船脊	飞带	木直梁／博古梁架
41	马沥村	健莘徐公祠	始建于清代，同治十一年（1872年）有重修	一路两进三开间	红砂岩、花岗岩	头门飞带寝堂直带	头门正脊为博古脊，寝堂正脊为龙船脊	—
42	凼乡村	郭氏宗祠	始建于清道光十四年（1834年），光绪二十四年（1898年）重修。1995年重修成现状	一路两进三开间	红砂岩、咸水石	头门正脊为博古脊，寝堂正脊为龙船脊	镬耳山墙	木直梁木驼峰斗拱梁架／枕墩斗拱梁架
43	蕉利村	爱竹莫公祠	始建于清代，2004年重建成现状	一路两进两开间	—	2004年重修，瓷砖饰面	直带	—
44	蕉利村	西溪莫公祠	始建于清代，20世纪初重建成现状	一路两进三开间	红砂岩、花岗岩	头门正脊为博古脊，寝堂正脊为龙船脊	直带博古	木虾弓梁木枕墩斗拱梁架／枕墩斗拱梁架

3.2 寺庙建筑

就宗教及民间信仰来看，中堂佛教寺院首推觉华寺。觉华寺香火旺盛，为官民所共同维护，是有僧人主持的佛教寺院，可以说是当地影响范围最大的一间寺院。而在各村林立的庙宇，则多为当地村民自筹自建，自行维护。如潢涌北帝宫皆为黎姓参与重修事宜，吴家涌皆为吴姓参与重修天后宫。有的是多姓联合建造，如下芦观音宫乾隆年间所立石碑，落款"首事"为刘姓、胡姓、吴姓、邓姓等几个人。而东溪古庙所在的东向村，其居民原为明代驻军，多姓杂居，故而多姓共同建庙，"先世从军至此，遂安居乐业而建焉"。

从建筑形制及规模来看，在历史上觉华寺拥有自己的寺田，寺院建设规模庞大，殿堂、楼阁一应俱全，而民间各村的小庙则小巧许多，除个别为两进的以外，大部分为单开间单进的小型建筑。

中堂各村庙宇所祀诸神，以天后、北帝、关公、观音等最为普遍，此外还有华光帝、包公等，一些巷道入口及各村民家庭还设有门官、灶君、财神、天神、土地等神位。诸神之中，天后、北帝、观音等为中国古代的国家神，潢涌北帝宫碑刻载曰："余考真武大帝，载在祀典，国朝大内，犹崇奉之，况于吾潢溪一乡蒙其福，合族被其庥者乎，又事之当为不可缓焉者也。"在强调修缮该庙宇重要性的同时表明，真武大帝是当时国家倡导祭祀信奉的正统神灵。

寺庙的出现与兴盛，成为当地村民世俗生活的寄托。中堂历史上发展了商品农业经济，在村落发展历史上，有的村落庙宇林立，香火颇为旺盛。如潢涌就有众圣宫、北帝宫、玉皇宫、灵霄宝殿、善庆寺、金花圣母宫、水月宫、牛仔庙、土地庙等众多寺庙。村内北帝宫碑刻，撰文者在重修北帝宫之际回忆其盛期景象："余自髫龄时，屡从瞻拜，见乡之中四时祭，香火之盛，甲一都焉。"东向村东溪古庙，俗称"大庙"，保存有乾隆年间古碑，碑文记述了当地在明代初期已建有古庙五座："吾乡古庙有五：曰福德、曰惠福、曰康王、曰金花、曰大庙""溯厥所由，同创建于明初"。

庙宇所奉祀神灵多种多样，是广东广府地区常见的现象。在珠三角一带的水泽之乡，民间所崇信诸神中的司水神北帝、天后地位尤为显赫。历史上更由于官方提倡而流传广泛、影响深远，如著名的佛山祖庙就是广东最早设立的北帝庙。

北帝，又称为玄武、真武等，是道教中司水之神。北帝信仰起源于古代的星辰崇拜，它本为二十八宿中北方七宿的总称，后经长期演变并被道教吸纳入其神仙系统而逐渐人格化。宋代以后，又屡获统治者加封，其地位越来越显赫。到明代，北帝祭祀已被列入国家祀典，北帝信仰进一步遍及全国。《广东新语》卷六《神语》中提到"黑帝"，也就是北帝，解释为"粤人祀赤帝并祀黑帝（真武），盖以黑帝位居北极而司命南溟，南溟之水生于北极，北极为源而南溟为委，祀赤帝者以其治水之委，祀黑帝者以其司水之源也。吾粤固水国也，民生于咸潮，长于淡汐，所不与鼋鼍蚊蜃同变化，人知为赤帝之功不知为黑帝之德。或曰真武亦称上帝，昔汉武伐南越，告褥于太乙，为太乙缝旗，太史奉以指所伐国。太乙即上帝也，汉武邀灵于上帝而南越平，故今越人多祀上帝"。而对应于五行关系之"玄武属水，水能胜火"的说法，北帝不仅庇佑水上生产活动，同时还具有防火防灾的意义。

天后崇拜起源于福建，为沿海居民所信奉。传说其往来海上，庇护航行，有求必应。唐宋之后由于官方提倡，天后作为负责海上渔民安全的"海神"，其影响逐渐拓展至其他省份的沿海地区。

广府地区沿江沿海居民面对变幻莫测的江河、海洋，在随时遭遇挑战的生存环境中，寄望于神灵庇佑，祈求自己生命安全，生产顺利，自然而然地接受了天后、北帝等民间信仰，并在日常生活中开展祭祀活动，从而形成了根深蒂固的民间文化传统。

3.2.1　觉华烟雨[①]

　　有关中堂觉华寺的起源，民间流传演绎着各种美好的传说。一是"仙鹤福地"的传说，相传一千多年前，罗浮山一座寺中有一只仙鹤飞走，寺里的一个和尚历尽千辛万苦，跟踪至中堂村北面东江边的水面上，那只仙鹤便隐身消失了。此后，每年都有一船稻谷在此处的江面沉没，而莲花凼（今东莞糖厂所对的江面）则浮现大量谷壳。传说那船稻谷之所以会沉掉，是由于那只仙鹤施法所致，仙鹤将谷吃掉，谷壳就吐在莲花凼中，而沉掉那船谷的主人，也很快就会发达起来，原因是仙鹤报恩。后人认为仙鹤落脚的地方是一块福地，就在那里建起了觉华寺。二是"江中现菩萨"的传说，传说宋朝绍兴初年（1131 年），中堂村一位名叫徐邦彦的村民，在滔滔江水中发现一尊观音菩萨的塑像，遂请回家中供奉起来，建屋而成"观音堂"，一时间传为美谈，不仅县官得知此事，宗鉴和尚也来此处担任主持。后经县官上报，广州赠一块匾额"觉华寺"，"观音堂"也就成了"觉华寺"。

　　从第一代主持宗鉴开始，觉华寺经过三代主持的不懈努力，扩寺工程得以顺利竣工之后，主持祥庆托师叔鉴清找到时任清远县令的李涛，请其作记，于是李涛在南宋景定四年（1263 年）写下了《觉华寺记》一文。这篇寺记不仅详细记下了觉华寺的诞生原因、建寺过程、扩建规模及寺成后的雄伟寺貌，还阐述了"觉华"一称的佛义。李涛说："彼所住寺，名曰觉华，凡彼种种佛事，皆以佛理而得成就，佛理为觉，佛事为华"。"觉"和"华"的关系是"觉为佛因，华为佛果；觉为佛理，华为佛事"。禅门学说和道理，其最高境界是普度众生，指引众生向善。佛事，就是信奉佛教，存善心，做善事，做好事。"故作佛事以求佛理，惟亲证者，即觉即华"，这话是说，通过做佛事来印证佛理，身体力行，就是"觉"和"华"，合起来就是觉华。

---

①据《东莞市中堂镇志》及访谈材料整理改编。

扩建后的觉华寺，山门向北，面对浩渺东江，占地面积达 5.2 公顷，建筑有大雄宝殿、法堂、后堂、宝阁、藏经阁、东西廊、钟鼓楼、宝塔等。供奉的菩萨、佛像有释迦如来、文殊、普贤、师利、观音、摩诃迦叶、大阿难陀、大梵天王、大王帝释、金刚、密迹应真及五百尊定光岩主等。寺中遍植梅、竹、茶、水松及四时花木。法器类有华玉座、铜风铃、铁灯笼、钟、鼓、铙、钲、螺铃、竹馨、炉钵等，凡应用之物，无所不备。另外，还有塔、井、池、堤、渡舟及放生池等。宋咸淳二年（1266 年），将士郎徐渊和教谕何汉清二人，共捐献田地 5.33 公顷作寺田，每年收稻谷 160 斛，作供佛养僧之用。到明朝初期，觉华寺的香火最为鼎盛，寺僧达数百人之多。寺中"梵宇浮图，高逼云汉"，信徒广众，烟火繁盛。由于寺建在江边，每当烟雨交织时，远远看去，殿阁花木若隐若现，钟磬之声遥遥相闻，仿若人间仙境，此美景被人称为"觉华烟雨"。

此后，在觉华寺建成 800 余年的岁月中，历经风雨，几度兴衰。现在的觉华寺已再次重光，但古代建筑早已被损毁拆除，仅存百年古榕一株，遗石一块。然而，从历代名人的吟咏诗文中，我们仍然可以一睹其当年的风采。

宋代县官赵寝夫所言"瓜藤绕瓦屋，棕叶拂檐楹"，即房屋瓜藤攀绕，不仅有美化、遮阳之效果，想来还有香甜实惠的瓜果，而棕榈树已长大成荫，树叶轻拂门楣，可谓一派雅致恬淡的景致。

明代"觉华烟雨"成为"宝安八景"，也即"东莞八景"。莞邑流行的《东莞八景》民谣吟唱道："黄旗岭顶挂灯笼，市桥春涨水流东。凤凰台上金鸡叫，宝山石瓮出芙蓉。靖康海市亡人趁，海月风帆在井中。澎洞水帘好景致，觉华烟雨望朦胧。"市桥春涨、凤台秋霁、黄岭廉泉、宝山石瓮、澎洞水帘、靖康海市、海月风帆、觉华烟雨八景之中，"觉华烟雨"将寺院这一人文景观与烟雨这一自然景观相融合，传递了美好的意境神韵，不愧是八景中的独特一景。

身负盛名的觉华寺在陈琏、陈靖吉、黄裳、吴中和、卢宽诸文人墨客的笔下，是"江心楼阁梵王宫，三千世界疑虚空""何当放舟达彼岸，置我身世于蓬瀛"，一派盛世梵宫气象。游人身处寺中，犹如置身蓬莱仙境。

明嘉靖初年，寺废僧去，则是"此地曾经几劫灰，登临满目总蒿莱"的荒凉景象了。而后又几历重修，虽不及宋、明鼎盛期之巍峨、深幽，犹存"密雨浓烟泼墨同，画图悬出米南宫"的清幽与迷蒙。晚清，尹兆蓉诗"烟雨隐楼台，泼墨洒村廓"，仍显觉华寺之"烟雨"特色。

觉华寺简史见下表。

觉华寺简史

宋朝绍兴初年（1131 年）	村民徐邦彦在江水中捞到一尊观音菩萨雕像，建房供奉
1133 年	僧人宗鉴到观音堂做主持
1134 年	县官上报广州府，广州府赐匾"觉华寺"
1134—1263 年	宗鉴、妙昙、祥庆三代主持扩建觉华寺 景定四年（1263 年），清远县令李涛写下《觉华寺记》
宋咸淳二年（1266 年）	将士郎徐渊和教谕何汉清二人，共捐献田地 5.33 公顷作寺田
明天顺年间（1457—1464 年）	觉华寺大火，仅存一座观音堂，主持道通募款重修，规模远不及灾前。重修后，岭南著名学者陈白沙题"觉华古寺"寺匾，用麻石（花岗石）雕琢，挂山门之正中
明嘉靖初年（1522 年）	寺院颓废，僧众离去
明崇祯十五年（1642 年）	和尚有成在觉华寺旧址建白衣殿
清顺治十年（1653 年）	和尚古愿化缘募款重修，平藩参将文天寿捐款修了大殿、后殿和山门，后又经历损毁
清光绪二十三年（1897 年）	赖菊园、刘尧犀等倡议，重修觉华寺，将山门改作南向
1938 年 11 月	日军攻打斗朗村，抗日自卫团撤退中曾据寺防守，日军攻进寺中后，杀害僧人。寺院在战斗中损坏，后未重修
1958 年	旧址利用部分房屋成立农业中学
1961 年	农中撤去，改设中堂农科站
20 世纪 80 年代初	农科站撤去，1984 年在觉华寺旧址上兴建中堂开达玩具厂
2007 年	工厂办公楼底层按殿堂式样供摆了观音等佛像，供人参拜。9 月 7 日举行开光仪式，至今香火不断

中堂现存主要庙宇情况见下表。

中堂现存主要庙宇情况一览表[①]

乡村	庙宇名称	修建时间	建筑面积（平方米）	主供神像
潢涌	北帝宫	明朝	120	北帝
三涌	北帝宫	1982 年重修	230	北帝
湛翠	华光庙	1980 年重修	100	华光、观音
湛翠	福德医灵庙	1984 年重修	264	包公
湛翠	北帝庙	1995 年重修	150	北帝
湛翠	观音庙	1998 年重修	100	观音
凤冲	三王古庙	1998 年重修	56	天皇、地皇、水皇
凤冲	北帝庙	2000 年重修	68	北帝
袁家涌	天后古庙	立村始建，1985 年重建	60	天后
袁家涌	关帝庙	立村始建，1986 年重建	70	关帝
吴家涌	北帝庙	—	50	北帝
鹤田	天后庙	1895 年	100	天后
东泊	洪胜宫	1898 年	120	—
焦利	猴王庙	1973 年重建	150	猴王
东向	东溪古庙	约 1370 年	160	—
斗朗	文昌庙	—	208	文昌
江南	张王爷庙	约 1900 年	400	张王爷
槎滘	三元庙	新中国成立前	60	天地水三官
槎滘	三界庙	1988 年重修	38	三界神
槎滘	医灵庙	新中国成立前	42	医灵
槎滘	观音庙	1992 年重修	30	观音
槎滘	建军庙	1995 年重修	20	杨家将
槎滘	马良庙	新中国成立前	33	马良
槎滘	华光庙	新中国成立前	26	华光帝
下芦	观音宫	约 1680 年	36	观音

①据《东莞市中堂镇志》整理。

乡村	庙宇名称	修建时间	建筑面积（平方米）	主供神像
马沥	澧溪古庙	1998 年重修	400	北大公菩萨
四乡	天后庙	1994 年重修	82	天后
四乡	北帝庙	1996 年重修	76	北帝
四乡	泗溪庙	1995 年重修	80	—
四乡	天后庙	1995 年重修	86	天后

3.2.2　潢涌北帝宫

　　潢涌北帝宫又称上庙、北帝庙，位于中堂镇潢涌村东部，奉真武大帝，始建于明代。清嘉庆六年（1801 年）由黎朝佐（字佩缨，号小邺，潢涌人，其时居莞城西门正街）等人倡议重修，20 世纪末重修成现状。建筑坐西向东，为三间两进一拜亭的布局形式。面阔 10.2 米，通进深 15.2 米，硬山顶，砖木结构。现存碑石六块，刻有黎乃璃撰写的碑文一篇。

潢涌北帝宫

3.2.3 袁家涌关帝庙、天后古庙

袁家涌关帝庙，坐东向西，左右两间，设门相同，各间前面设拜亭。面阔 8.85 米，进深 8.7 米，硬山顶，红砖砌筑墙体。左间供奉关帝等 9 尊神像，右间供奉天后元君等 14 尊神像。该庙始建于清康熙年间，在嘉庆年间、20 世纪 80 年代有重修，2003 年重修成现状。

袁家涌天后古庙位于中堂镇袁家涌村新湾和塘新村村民小组十六巷，坐东向西，面阔一间，深两进，砖混结构，右侧建有香亭与管理间。面阔 4.2 米，进深 13.0 米，硬山顶，红砖砌筑墙体。该庙始建于清康熙年间，嘉庆年间有重修，1972 年崩塌，1986 年重建成现状。

3.2.4 吴家涌天后宫

天后宫位于吴家涌村中心路，坐北向南，三开间两进两廊合院式布局。面阔 8.7 米，进深 18.1 米，硬山顶，砖木结构。首进为灰塑古脊，悬有"天后宫"木匾。左侧墙镶嵌一块古碑，上刻《重修天后宫碑文》，于清光绪二十三年（1897年）立。二进为龙舟脊，内供奉观音、天后娘娘等 60 位菩萨，香火旺盛。

吴家涌天后宫

3.2.5　鹤田天后宫

鹤田天后宫，按 1811 年重修时立的碑文所述"吾乡天后宫建宇，崇祀历百余年于兹矣"推算，该庙始建年份当在清康熙年间。庙内供奉天后元君、北帝君和文昌大帝等 37 位菩萨，香火旺盛。

建筑坐北向南，单开间两进布局，面阔 5.6 米，进深 13.2 米。硬山顶，砖木石结构。首进为博古脊，悬"天后宫"石匾，两侧墙体镶嵌两块石碑，左侧为清嘉庆十六年（1811 年）的"重修天后庙序"，右侧为清光绪十二年（1886 年）的"重建碑记"。该庙在二十世纪六七十年代曾作生产队队部办公用，1992 年维修成现状。

鹤田天后宫

鹤田天后宫内塔香

3.2.6　东向东溪古庙

东向东溪古庙位于中堂镇东向村二村，坐北向南，三开间两进两廊合院式布局。面阔 10.4 米，进深 16.6 米，抬梁式梁架，硬山顶，砖木结构。该庙始建于明代，左廊墙壁上嵌有记述该庙三次重修的古碑三块，分别立于清代乾隆五年（1740 年）、道光元年（1821 年）和光绪元年（1875 年）。

东溪古庙

3.2.7　下芦观音宫

下芦观音宫，坐南向北，为一间三进布局。总面阔 8.4 米，正间部分面阔 4.8 米，进深 10.9 米。硬山顶，首进博古脊，砖木结构，红砂岩勒脚，前设小庭院。二进中有两条粗大花岗岩条石隐藏天沟，排泄坡面雨水，并支撑二进屋面，此结构甚具特色。该庙宇始建于清乾隆三十四年（1769 年），宣统元年（1909 年）有重建，1991 年重建成现状。庙中存古碑一块。

历史上，中堂一带村民每逢春节、元宵节、端午节、七月七、中秋、重阳、冬至等传统节日必有隆重、热闹的民俗活动，除此以外，还有庆祝"土地诞""观音诞""天后诞""佛爷诞"的乡俗活动。旧时还有"菩萨过坊"迎神活动，即各里坊轮流把北帝、康元帅或本村特定的吉祥神接到本坊的小宗祠里供奉。一般选在二月初二这一天，迎神的里坊派出青年男子将神位从邻坊抬回本坊，在村内各主要道路巡游一遭之后，请入本里坊的宗祠。整个活动家家户户皆尽参与，打扮成戏曲人物形象的孩童，坐在轿子里跟随队伍巡游，大人们在里坊前面早早摆好烧猪等供奉迎神，亲朋好友、邻里乡亲也前来欢聚庆祝，分享烧肉。晚上举行祈福仪式，次日即由各户男性轮流供神，须备办三牲祭品，虔

下芦观音宫

诚拜祭。

分布于各村的寺庙宫观，以其沧桑斑驳的建筑风貌，记录和见证了中堂水乡百姓的生活传统和民风习俗。如今，古旧庙宇，香烟缭绕，仍然诉说着乡间那最为质朴的生活愿望与情感守候。

3.3　书塾建筑

东莞自唐代开始施行科举教育，自那时以来，众多的私塾、社学（义学）、书院是启蒙识字、逐步深造乃至开科取士的基础。清光绪二十八年（1902年）开始推行近代教育。据（民国）《东莞县志》记载，东莞考取功名的，自唐贞元六年（790年）开始，中进士者有241人，其中武进士84人；中举人者达1714人，其中武举人663人。考取功名最高为明弘治三年（1490年）的榜眼刘存业，其次为清光绪十八年（1892年）的探花陈伯陶。从中堂历代进士名录看，潢涌8人，凤冲1人，东泊1人，槎滘3人；历代举人名录中，潢涌27人，东向2人，凤冲1人，鹤田1人，槎滘4人。

东莞的学宫是东莞全县推行近代教育之前的最高学府。其旧址在县东南二里许，宋淳熙十三年（1186年）迁于东城外。后经不断扩建、修缮，一直使用至清末民初，后因战乱而损毁。

东莞的社学盛于明代。据陈伯陶主编的（民国）《东莞县志》载："洪武八年（1375年），诏有司立社学，延师儒以教民间子弟。"洪武十六年（1383年）"诏民间立社学，有司不得干预"。嘉靖元年（1522年），东莞县设社学14所，"凰涌（潢涌）社学"为其中一所，占地"四分一厘四毫（276平方米）"。至清初，东莞社学达22所，农家子弟可以入学。清康熙时出现义学，即免费的私塾，其经费由私人捐助或用地方公益金支付，亦称义塾。清雍正年间，府、州、县各立书院。此后，书院更为人们所重视。清末，废科举，学宫、义学、书院等均改为新式学堂教学。

东莞最早的书院是北宋时岑田（现香港锦田）邓姓宗族办的力瀛书院。明清两代全国书院共 3164 所，广东占 325 所，列第二；东莞有 35 所，居全国县级之首。清代龙溪书院闻名乡里，兴盛于清末同治、光绪年间。清末的经学家、教育家、思想家，"广东九老"之一的陈澧就曾在此执教，而出生于中堂凤冲村的陈伯陶六岁时即从师陈澧就读于龙溪书院，受其影响颇大。

中堂潢涌，有碑刻《黎氏祠堂记》记载："岁有田以祭，积其余，建西石义塾于祠之右有年矣，俱以兵毁。"描述的是宋朝时候黎氏大宗祠新建，族人利用建祠剩下的钱款，在祠的西边建起了西石义塾，可惜日后被损毁。直至明代永乐年间潢涌黎氏族人创建"西石书院"，追溯其前身即为宋朝时候的西石义塾。清代光绪三十三年（1907 年），开办西石国民学校。宣统二年（1910 年），开办肇强国民学校。1925 年和 1927 年，又先后开办养正学堂和钥智小学。1931 年合肇强、养正和钥智三校为潢涌小学，为六年制完全小学，该校 1941 年改称"潢涌乡中心国民学校"。新中国成立后，再复称潢涌小学。民国二十一年（1932 年），潢涌西陆小学开办，校址设于二世祖祠。

民国十八年（1929 年），袁家涌开办私立崇德学校，并于民国二十一年（1932 年）在湛翠开办一所分校。

中堂居民秉承先辈教谕，古村耕读并重，人文气息浓郁。今天，保存下来的塾馆，数量已然不多，但对研究中堂乃至东莞的古代教育历史，仍然有其重要的价值。

3.3.1 赤留家塾

袁家涌赤留家塾位于中堂镇袁家涌村西亭旧村，坐西向东，为一路两进三开间布局，面阔 8.42 米，进深 12.3 米，硬山顶，现为砖木混凝土结构，龙舟脊，采用凹斗门形式。该家塾始建于清光绪年间，2003 年重修成现状，仅保留原建筑正立面。

赤留家塾

3.3.2 象色家塾

　　袁家涌象色家塾位于中堂镇袁家涌村西亭旧村，坐西向东，为一路两进单开间布局。面阔 4.96 米，进深 18.7 米，硬山顶，砖木结构，龙舟脊，绿色琉璃瓦面。该家塾始建于清光绪年间，2004 年重修成现状。

象色家塾

3.3.3 景阳书室

袁家涌景阳书室位于中堂镇袁家涌村新湾旧村，坐西向东，为一路两进三开间布局，面阔 9.0 米，进深 9.4 米，硬山顶，砖木结构。采用凹斗门形式。景阳书室始建于清道光年间，建造之初，为新湾吕姓支派子弟读书学习的场所。

在新式学堂、学校开办后，这些家塾书室原有的家庭、家族教学功能消失，而主要作为祠堂来使用了。而很多祠堂也曾经用来作为学校使用。1931 年，潢涌村三校合并而成的潢涌小学，校址就设在黎氏大宗祠，仅从 1931 年算起，黎氏大宗祠作为村中集中办学场所，前后共计达 70 多年。

景阳书室（中堂镇文广中心提供）

3.4 居住建筑

由于人口增加，用地有限，中堂镇各村拆旧建新现象普遍，保留的传统民居已较为有限。根据记载及现存民居可知，传统居住建筑多为砖木结构，使用青砖或泥砖砌筑墙身，质量较好的民居会采用红砂岩作为墙基；另有一种外青砖、内泥砖的墙身做法，俗称"金包银"。屋顶及内部阁楼使用杉木构造。形制主要有单开间的直头屋、双开间的明字屋和三开间的三间两廊等。三间两廊

鸟瞰民居

为广府民居最为普遍和常见的形制，面积多为100平方米左右，其两侧房内设阁楼以增加使用面积，正厅后部墙身居中设神阁安坐神位。屋内多为就地取材的竹、木家具，富裕人家偶有酸枝或坤甸木家具。潢涌村的德本坊、诗家坊、乌石正街、双门正街等处，至今还保留了一些清末民初的旧居，多为砖木结构，青砖墙身，使用红砂岩建造墙身勒脚、门框及窗框。

对于泥砖墙身的民居，损坏隐患最大莫过于洪水。鹤田村中心街一处始建于清嘉庆前期（1800年前后）的民居，长9.2米，宽7.9米，建筑面积约73平方米，为三间两廊式平房，筑有0.8米高的青砖墙基，上部为泥砖墙体。1959年5月下旬东江发生特大洪水，潢新围北堤袁家涌段崩堤，鹤田村随之遭遇洪水。该屋主人从本村砖窑及时运回一艇红砖，请村民协助在房屋周边加筑了10多个宽约0.4米、高0.75米的柱墩加固墙体，方使之避过一劫。

村中偶尔可见近代修建的二层居住建筑，局部使用当时流行的拱券和西式柱式，墙身使用"水刷石"饰面，做工精细。

自二十世纪八九十年代以来，人们逐渐建造钢筋、水泥的多层现代楼房，但是建屋过程中的习俗讲究至今仍有延续，如择"吉日"的传统，"封顶"摆席庆贺的仪式等。

3.5 其他类型建筑

3.5.1 凉棚

凉棚是富有岭南水乡特色的独特建筑类型，曾经广泛存在于珠三角的东莞、中山、珠海等地市的水乡村落。东莞麻涌、中堂等镇乡村的凉棚非常普遍。在中堂中西部大多数村落的村前广场水塘一侧，均设置有一座凉棚，传统的做法是采用竹子、木材搭建，为南方干阑式建筑形式。凉棚亲水性好，要么脱离河岸搭建在河涌上部，成为四面环水的水上建筑；要么搭建在河涌、水塘侧边，部分出挑于水面；仅有极少数修建于与水塘并无直接联系的陆地之上。

过去珠三角一带的水乡疍家渔民以艇为家，同时也在水围边搭建竹、木结构的茅寮居住。凉棚大概就是这一居住形式的延续。当然，从使用功能上来说，小型的茅寮只是供私人居住使用的，四面围合，有较好的私密性；而凉棚尺度较大，四面开敞，是公共性很强的公共活动场所。

凉棚也可能是来自于望楼。古代先民出于安全防卫考虑，在田头地尾或村边使用竹木、稻草、甘蔗壳搭建望楼，用来守护庄稼和村落。随着治安转好，望楼也就逐渐演化为生活化的凉棚了。

东泊社区凉棚

一般情况下，竹木凉棚三四年维修一次，十年八年便需重建。

凉棚是村民日常休闲活动、聚会、休息的场所，特别是在炎炎夏日，人们喜于在此纳凉、聊天、打牌、游戏、睡觉。在夜间，不少家庭未婚的男性青少年，夜间都在凉棚中睡觉休息。凉棚内部空间设通铺，留有一字形、丁字形或回字形通道，冬天转冷，会用稻草、蔗壳把凉棚四周围合起来阻挡冷风，在通铺上垫好稻草保温。一些人丁旺、孩子多的家庭，会自己修建独立的小凉棚以解决男孩的夜宿问题。从建造和使用的规模来看，小型的凉棚供三五人休息，中等的可以容留二三十人，大型的最多可容纳四五十人。

据访谈可知，近几十年来，村中年幼者，甚至包括青年壮汉，均会在夏日夜间在此休息。原因有两点，一是此处通风，二是由于人口繁衍，居所面积所限，三间两廊的居住空间拥挤。当然，炎炎夏日，难免蚊虫叮咬。因此现在想来，大通铺上面，大家轻摇蒲扇，夜谈休息，济济一堂，或许是生活艰苦的无奈，却也别有一番生活情趣。

时至今日，凉棚数量有所减少，由于居住条件改善，空调风扇普及，夜间也极少有人在此睡觉过夜了。

如今凉棚作为公共建筑，其主要功能是供村民在此休闲纳凉。人们使用钢筋混凝土、琉璃瓦、瓷砖装饰修建了永久性的"凉棚"，很多村庄在村前水边建设这样一座大厅，高高架起，需要爬楼梯而上，有的内部仍然设置了水泥台面，类似于原来的大通铺，有的则设石台、石凳，可喝茶下棋或围坐闲聊。建筑材料革新了，功能形式却依然保留了原来的传统样式。此外，当今中堂很多乡村的农庄食肆建有不少类似的临水凉棚，做起了饮食生意。

3.5.2　巷道门楼

城乡建设及管理的里坊制度在中国古代隋唐时期发展成熟并臻于顶峰，此后虽在宋代随着商品经济的繁荣而逐渐瓦解，但其影响却绵延至今，许多地名皆以里坊命名。广府地区很多村落、小巷也是如此。

广府地区明、清时期的村落格局相似，一座座小型的居住单元"三间两廊"高密度排布，每一纵列房屋之间形成巷道，纵向的前后房屋屋主一般是较为亲近的血缘宗亲关系，房屋间巷道是邻里之间日常起居所共享的公共空间。

中堂各村多会在巷道入口处设立门楼，且常以里、坊命名，巷道名称镌刻于石匾，镶嵌于门楼上方正中部位，可以辨别区分彼此形似的巷道，便于区分门户确定方位。门楼还具有治安防卫功能，使用木制趟栊（亦俗称"栊子"），可以在夜间将巷道封闭。

一般情况下，巷子里的邻里住户都是同族同姓，平日里互相照应，互帮互助。逢年过节，则走亲访友，派送小食。端午的粽子，中秋节的佛爷公饼仔和花生，冬节的大红粉团和春节的炒米饼及松糕，"通巷"派送，延续着朴实的民风传统。

旧村保留下来的里坊巷道，以潢涌村最为典型，包括德本坊的"文明启曜""奎壁联辉""奕世文林"古巷门楼，以及"司马第""凤鸣里""诗家坊""居仁里"古巷门楼等。这些门楼始建于明代，清道光年间重建，为砖、石、木构筑，硬山顶，一般前后凹门廊，中设巷门，有的会在巷门内侧面墙身设神龛。门楼宽在 2 米左右，有的达到 3 米，高度可达 3.5 米以上。

凤鸣里

文明启曜

司马第

从巷道名称来看，或语出经典，寓意深刻，或表明身份，显示尊贵。如"居仁里"，"里"是指里弄，小巷的意思。"奎壁"指二十八宿中的奎宿和壁宿，据说此二宿主文运，因此人们以此比附命名。司马是古代官职，明、清时期司马称府同知，正五品。巷道门楼上镶嵌"司马第"的匾额，很可能缘于巷里有人做过司马或相当于司马级别的官。

3.5.3　会堂

凤冲人民会堂始建于 20 世纪 70 年代初，在"人民公社化"年代，主要用于召开大会、播放电影，全镇当年各个大队大都建造了类似的公共建筑，有的称会堂，有的称食堂或饭堂，只是大多已经被拆除。

保存下来的凤冲人民会堂坐北向南，约 200 平方米，为砖木结构，建筑纵深 25 米，由四组梁架支撑坡面屋顶。山墙作为正立面，入口设拱券门廊，墙面高处有浮雕五角红星，题写繁体字的"鳳翀人民会堂"几个大字。

凤冲人民会堂

福庆桥

🐚 3.5.4　古桥

　　袁家涌福庆桥始建于清嘉庆五年(1800年)，由当地绅士袁泰来主持建造。1993年重修。古桥位于中堂镇袁家涌村西北面，桥身南北走向，为三孔平拱梁式花岗岩石桥，全长21米，宽2.8米，中间孔径5米，两侧孔径4米。桥面以大型花岗岩条石铺砌，中孔的条石尺寸大约是长5.5米，宽0.7米，厚0.65米；重约7吨。桥面的两侧设栏板和望柱，中间栏板外侧雕刻小篆体桥名，内侧雕刻飞龙、麒麟等图饰。

　　事实上，以小桥、流水、人家为特征的中堂水乡，桥梁是十分常见的景观。据1949年的统计数据，仅潢涌一村，就有木桥31座，石桥14座建于内涌之上。此后，为了适应车辆同行需要，许多尺度小巧的桥逐渐被改建为水泥桥。

🐚 3.5.5　文塔

　　中堂镇境内的潢涌村建有文塔，而且是双文塔，即上文塔（位于潢涌村上一村）和下文塔（位于潢涌村的坐尾村）。村东头文塔俗称上文塔，又称上文阁；村西头文塔俗称下文塔，又称下文阁。

　　潢涌上文塔称为文阁，又称大魁阁，始建于清道光年间（1821 — 1850年），1994年重修成现状。上文塔坐东南向西北，底面呈六边形，从外观看分为四段，实为三层。自塔底至塔尖通高近16米。塔身由青砖砌筑，饰有灰塑图案，顶部为石制塔刹。地面和塔

上文塔

身底部为花岗岩麻石，北边有一红砂岩拱形门，门头匾额刻有"彤梯万仞"四字；二层北面设一方形大窗，匾额书"文星阁"，其余各立面设方形小窗；三层北面设一红砂岩圆形洞口，匾额刻"大魁阁"三字，其余各立面设菱形小窗；顶层未设门窗。

下文塔也是始建于清道光年间（1821—1850 年），1966 年因修建堤围而拆毁。2002 年，潢涌村在坐尾村重建下文塔，其形制与上文塔类似，同样呈六边形，高四层，整塔通高约 19 米。塔身为青砖，塔基为花岗岩，塔身饰有"老龙教子""鱼跃龙门"等灰塑图案。首层南侧设一红砂岩拱门，门额刻"河山壮丽"四字；二层南面设方形门，匾额刻"文星阁"三字；三层南面开一红砂岩圆形门，匾刻"大魁阁"三字，其余五面各设一菱形小窗；顶层不设门窗。

下文塔

乡村聚落附近的塔，建筑体型小巧，一般为三至五层，往往综合多种功能，被赋予多重作用。

其一，丰富自然山水环境景观。塔这一建筑形式出自于佛教，在中国民间发展演变为具有民族特征的传统建筑形式，并逐渐具有了祈福祥、镇风水、佑百姓的含义。风水理论中常常以河流或山脉为龙，以水口或山顶为龙首，因此在聚落外围的河流旁或山脉上常见民间修建的塔，用以点化山水，补水口之不足，镇江河之洪。高塔建筑与山形水势相配合，营造出一种天人合一的和谐境界。潢涌两座文塔所处位置，为东江环绕村落的起点与终点，由于地势平坦，设双塔锁江河，一来丰富了景观视线和天际线，二来达到"点化"江河的作用。

其二，促进了本地文风、文化的发展。在我国古代以"兴文运"为目的而在城市或村镇外围建立的塔比比皆是，因此也被称作文风塔、文峰塔、魁星楼、文昌阁、文昌塔等，用以辟邪镇煞、兴盛文运，求得子孙耕读传家，科举出仕，光宗耀祖。潢涌村的上下文塔，二塔遥相呼应，有"双星塔"之誉。二塔内均供奉传说主文运昌隆、功名禄位的魁星（奎星），即"文昌帝君"。

其三，形成路标，指示交通方位。塔因其高耸的建筑形象而易于成为辨识空间方位的重要标志物。潢涌村东的上文塔作为标志，提示东江水已进入潢涌附近；村西的下文塔则位于村界变化之处。在以舟楫航运为主要交通方式，以渔业为重要生产活动的传统社会，两座文塔成了中堂潢涌一带的景观性标志塔。

3.5.6 碉楼

碉楼，当地人俗称炮楼，中堂现存碉楼有一座位于凤冲村北部，长 3.7 米，宽 3.4 米，高 14 米，墙厚 0.45 米，用青砖砌成，共三层。楼梯和楼板皆为木材制造。

该碉楼于 1937 年 3 月动工兴建，同年 6 月竣工，是为了抵御日本侵略者和土匪的侵犯而建。村中同期另外还建有东炮楼、南炮楼两座碉楼。这三座炮楼均由村人陈贺慈、陈作仁和陈乐仔牵头组织村民捐款自行建造。抗日战争期间，日军和土匪黎善余曾联合骚扰凤冲村，凤冲村民据守碉楼上，击退了土匪和日军的多次进攻，保卫了村庄家园。1980 年后，东炮楼和南炮楼均已被拆除。现

袁家涌碉楼

存的这座碉楼各层分布多个大小不同的枪眼，顶部还建有瞭望台，形似"燕子窝"，便于观察各个方向敌情。

袁家涌碉楼枪眼

另一座碉楼位于袁家涌西亭旧村，坐西向东，平面呈方形，面阔 10 米，进深 9.65 米，高 13 米，红砂岩勒脚，青砖砌筑。共三层，各层均布置房间，墙面设瞭望口共 20 个。碉楼始建于清末，为防御土匪而建。

目前这两座碉楼皆因柴草起火导致内部楼梯和楼板损毁，仅存墙身，墙面已出现了裂缝，亟待修缮保护。

3.5.7　牌坊

中堂潢涌原有数座古代石牌坊，可惜已被拆毁。据地方志记载，有德本牌坊、军门牌坊、节孝牌坊、百岁牌坊、乐善牌坊等。

德本牌坊系潢涌黎氏因割股疗亲事迹著名而受朝廷表彰，赐建"德本坊"一座，该坊早于黎氏大宗祠修建。由花岗岩筑成，为四柱三孔式，明永乐年间曾重修。

军门牌坊位于潢涌渔乐祖祠天井处，建于元代，为纪念宋末光禄大夫、上将军、四川提督黎士龙而兴建，红砂岩筑成，题有"军门提督"四大字。

节孝牌坊位于潢涌节孝祠内，建于清代，为纪念受皇帝表彰的 11 位潢涌节妇而兴建。

百岁牌坊位于潢涌奉政黎公祠前边，清代潢涌黎景贤，年过百岁，朝廷赐建"百岁坊"一座，刻有"升平人瑞"四个大字。

乐善牌坊位于潢涌荣禄黎公家庙前，建于清代，花岗岩筑成，上刻有"乐善好施"四大字。

第 4 章

中堂传统建筑装饰

中堂镇各村传统建筑整体风格趋于朴素，建筑装饰主要集中出现于祠堂、庙宇、书塾等类型建筑，其中又以祠堂最具代表性，其装饰最为隆重和丰富，屋面及入口部分尤其突出。

装饰技法反映地域性特征，木雕、石雕、陶塑、砖雕、灰塑及彩绘等广府传统建筑装饰工艺能够充分结合本地气候特点和取材特性，灵活运用。祠堂建筑基础、墙体、梁架及屋面部位的装饰，与建筑构件充分结合，造型各异，技法精细，富有表现力。装饰形态具有时代性特征，柱础、屋脊、门枕石等部位的装饰多样变化，呈现各历史时期建筑装饰语言的形态特点。装饰题材及内容的文化性特征，反映了岭南广府民系文化性格的务实与融通。祠堂建筑装饰寓意吉祥美好，乡土气息浓郁，显示出通俗化、大众化的审美情趣。

就建筑而言，联匾虽无具体的构造功能，但却可以抒发情感情怀，提升建筑空间意境。联匾题字言简意赅，内涵丰富，寓意深刻，体现了中国传统文化的精髓。书法艺术、诗文艺术与建筑空间艺术充分融合，大大提升了祠堂建筑的文化意境。

中堂各村祠堂匾额堂号，前中后厅堂分布的楹联，寄托了乡民族人的生活期待与愿望理想，集中反映了中堂人自强不息的奋斗精神、慎终追远的赤子情怀、崇文重教的社会传统、勤劳节俭的价值观念和修养心性的道德追求。联匾以其独特的文化魅力激励和教育后代，令人置身于历史文化长廊，在见证时代发展、回顾家族历史的同时，深刻感悟先人的智慧。祠堂因此而成为乡间极富文化韵味的人文空间。

4.1 重点部位的装饰技法及形态

从装饰工艺来看，三雕两塑一彩绘是广府地区传统建筑普遍使用的装饰技艺，即石雕、木雕、砖雕、灰塑、陶塑、彩绘等。

中堂各村的砖雕已很少见了，极少量出现在个别建筑的墀头部位。石雕和木雕留存较为普遍。石雕装饰常见于柱础、门枕石、石狮、雀替、驼峰、旗杆夹等。木雕以木梁架、封檐板、门窗格栅等形式出现。陶塑大量使用于屋脊部分，造型丰富，颜色鲜艳夺目。灰塑和彩绘则常常会结合起来使用，出现在门楣、窗楣、山墙等位置。这些建筑装饰色彩绚丽多姿，造型变化丰富，技法细腻精美，生动反映了岭南建筑民间工艺的特征。

有时候同一部位的装饰构件，会有不同的装饰工艺做法。如梁头部位，早期多为木制，到清代后期，因祠堂建筑的出檐变浅，常年暴露在外的木质梁头容易淋雨受损，于是产生了石质梁头。

就广府祠堂主要装饰部件及其工艺所对应的部位来看，主要包括以下四种。

第一，基础部位装饰。包括台基（墩台）、柱础、月台、门枕石、墙基等，皆为石雕形式。

第二，墙体部位装饰。墙檐，采用彩绘、灰塑形式；墀头，采用灰塑、石雕、砖雕形式；搏风，采用灰塑形式；花窗，采用砖雕形式。

第三，梁架部位装饰。包括梁身、梁头、雀替、水束、驼峰、柁墩、斗拱等，皆为木雕形式。檐枋梁、檐枋斗拱，木雕、石雕形式皆有。

第四，屋面部位装饰。正脊、垂脊、望脊一般为灰塑形式，正脊还有陶塑形式。封檐板为木雕形式。

4.1.1 基础部位装饰

墩台

中堂现存祠堂中有的设有墩台，采用须弥座形式，装饰比较少。观察黎公

红砂岩塾台及其装饰　　　　　　　　麻石塾台及其装饰 (1)

麻石塾台及其装饰 (2)

家庙、京卿黎公家庙的塾台采用花岗岩石铺就，束腰转角处雕成竹节纹，纹样细腻；少泉黎公祠则为红砂岩，表面风化的石材质地更显岁月沧桑之感；斗朗社区霍氏祠堂的塾台基座装饰有花草、博古架等纹样，生动形象、工艺精湛。

门枕石

门槛两端下部，用以承托大门转轴的石构件——门枕石，有方形、几案形、须弥座形等形态。整体而言，门枕石的装饰相对简洁，有的雕刻了一些花草、几何纹样，有的甚至不作雕饰，考究一些的会雕刻形态复杂的狮子、麒麟、凤

几案形门枕石

须弥座门枕石

凰等瑞兽禽鸟，有镇宅驱邪之用意。中堂祠堂常见有用花岗岩麻石、红砂岩制作的门枕石，且大多数的门枕石为方形。潢涌京卿黎公家庙花岗岩门枕石的装饰与其塾台类似，须弥座的束腰转角处做成了竹节纹；荣禄黎公祠也为花岗岩须弥座门枕石，其束腰处刻有憨态可掬的小狮子"椒图"造型；槎滘耕云黎公祠采用红砂岩须弥座形式；一村村陈氏祠堂为红砂岩质几案形；三涌村郭氏宗祠为红砂岩须弥座形式。

柱础

中堂镇祠堂建筑中承托柱身的柱础均为石制，不仅可以防潮和防撞，还可以加强柱身的稳定性，使结构体系坚固耐久。柱础截面有圆形、方形、六方形及八方形等多种形态，所采用的石材既有红砂岩，也有咸水石，以及花岗岩麻石，均是岭南广府地区传统建筑常用石材。柱础部分由上而下分别为柱櫍、础身、础座，其中础身变化丰富，形态多样。

柱础按其础身形态大致可分为覆盆式柱础和有束腰的柱础。一般认为，覆盆式柱础是清初以前的做法，敦实、硬朗，如黎氏大宗祠前堂的前檐柱础、东泊社区陈氏宗祠中堂金柱柱础；略有束腰的是清中期风格，中性、平稳，如建于嘉庆年间的袁家涌的东晓吕公祠的前堂前檐柱础、凤冲陈氏宗祠的后堂前檐柱础、观澜黎公祠的后堂金柱柱础；束腰明显的柱础是清晚期以后的做法，纤巧、柔和，如凤冲胜起家祠的前堂后檐柱础、观察黎公家庙的前堂前檐柱础、荣禄黎公祠的中堂金柱柱础。

清初及以前柱础 (1)　　　　清初及以前柱础 (2)　　　　清初及以前柱础 (3)

清中期柱础 (1)

清中期柱础 (2)　　　　　清中期柱础 (3)　　　　　清中期柱础 (4)

清晚期柱础 (1)

清晚期柱础 (2)

清晚期柱础 (3)

清晚期柱础 (4)

清晚期柱础 (5)

4.1.2　墙体部位装饰

　　墙面装饰主要集中于建筑的交接部位，特别是内外墙面与屋面的交接处。

　　前堂部分，为凸显祠堂入口形象，大门施以彩绘，绘制门神，门头高悬祠堂名号匾额，墙面顶端墙楣以彩绘或灰塑进行装饰。大门使用花岗岩或红砂岩石材制作门框。室内墙面顶端檩条与青砖墙面交接之处，多见黑色饰带或彩绘作为过渡装饰。

墙体彩绘部位 (1)

墙体彩绘部位 (2)

墙体彩绘部位 (3)

墙体彩绘部位 (4)

墙面灰塑装饰 (1)

墙面灰塑装饰 (2)

门楣灰塑

窗楣灰塑

大门彩绘 (1)

大门彩绘 (2)

　　墙面彩绘是祠堂装饰中的亮点，内容生动、易于理解。具体有人物传说类的彩绘，如黎氏大宗祠入口上部墙面绘有"元相图"，槎滘罗氏宗祠绘有福禄寿"三星拱照"，东泊廖氏宗祠侧廊绘有"竹林七贤"等。还有风景题材类彩绘以写意山水描述岭南秀丽风光，如胜起家祠前檐梁枋处的墙面彩绘、一村村的陈氏宗祠墙面彩绘，以及花卉果木类彩绘以"岁寒三友""花中四君子"等比喻高尚情操，如凤冲陈氏宗祠绘有"蜡梅图""秋菊图"等；另有瑞兽祥禽类彩绘，如凤冲陈氏宗祠的入口墙面绘制了狮子、真龙。此外，也有不同题材形象组合成的图案，如观察黎公家庙的"松鹤延年图"、黎氏大宗祠的"喜上眉梢图"等。

人物传说类彩绘 (1)

人物传说类彩绘 (2)

人物传说类彩绘 (3)

人物传说类彩绘 (4)

风景题材类彩绘 (1)

风景题材类彩绘 (2)

风景题材类彩绘 (3)

花卉果木类彩绘

瑞兽祥禽类彩绘

组合类彩绘 (1)

组合类彩绘 (2)

广府祠堂大部分为硬山屋顶，一般在山墙顶部沿轮廓线装饰一条彩绘及灰塑的饰带，称为"搏风"，可以防潮防水，起到保护墙体及墙内檩条的作用。搏风整体以黑色作底色，底端收尾处的灰塑纹样以卷草或草龙为主，形态舒展流畅，长度为搏风的1/3到1/2。

中堂的不少祠堂大门内侧墙面设有神龛，以灰塑、彩绘装饰，供奉"护祠门官土地"，如东泊景胜廖公祠，神龛顶部以书卷形态，署"福德祠"，左右

搏风灰塑 (1)

搏风灰塑 (2)

搏风灰塑 (3)

楹联为"多文以为富，安土敦乎仁"；凤冲的陈氏宗祠，神龛顶部亦为书卷形态，书"福禄寿"，左右楹联为"日闢（辟）黄金地，时陞（升）白鹿官"；胜起家祠神龛楹联则为"德门流泽远，福地聚星多"。

墀头是广府祠堂建筑立面的另一重点装饰部位。根据材质的不同可以分为石雕墀头、灰塑墀头及砖雕墀头。墀头雕刻工艺精美，内容繁多，往往相互呼应，涉及大部分装饰题材。

在中堂，袁家涌东晓吕公祠的红砂岩石雕墀头、槎滘罗氏宗祠的灰塑墀头，比较有代表性。砖雕墀头有一段式、两段式及三段式，江南钟氏宗祠仍保留有两段式砖雕墀头，这在其他村落已不多见。

神龛

灰塑墀头 (1)

灰塑墀头 (2)

红砂岩墀头

砖雕墀头 (1)

砖雕墀头 (2)

118

4.1.3 梁架部位装饰

广府民系祠堂建筑的梁架多为插梁架形式，插梁架的优点在于可以获得较为开阔的空间。以柱、梁直接结合的插梁式梁架又可大致分为驼峰斗拱式、瓜柱式、博古式等形式。梁架是支撑整座建筑的主体构造，直接显露于厅堂，为增强装饰艺术效果，人们常采用繁复的构架雕饰加以美化。梁身及梁头、梁底、驼峰、雀替等皆为重点装饰部位。

木制梁身造型大都通体油漆，在靠近柱子与之衔接的两个端头，即梁端部分会做一些简洁的花纹雕刻，常见夔龙纹、龙头，以及各种动植物纹样。

清早期的檐枋梁架多使用木材，如中堂潢涌的黎氏大宗祠、观澜黎公祠及东泊社区的廖氏宗祠，皆为木制月梁。清后期逐渐用石材替代了木材，以适应日晒雨淋的室外气候条件。东向村的钟氏祠堂为仿木石梁形式。观察黎公家庙、荣禄黎公祠的石虾弓梁形式，不再刻意模仿木梁造型，已经是清晚期以后较为稳定的石梁形式了。

梁头

梁与柱身相穿插后，穿出柱身的部分为梁头，一般以圆弧造型做出简洁形态，或以卷草纹、涡卷纹加以装饰，再或者塑造为高昂的龙头形象、龙鱼造型，其材质大多为木制。石制梁头则有更好的耐久性，雕刻内容以人物形象为主，

石梁身雕刻装饰

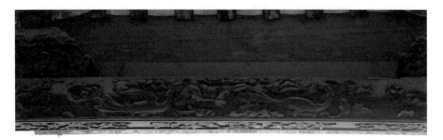

木梁身雕刻装饰

木梁端装饰 (1)

木梁端装饰 (2)

主题内容包括童叟和睦、夫妻相敬，体现家庭伦理；文武官造型寓意文武双全、仕途顺畅；和合二仙、福禄寿三星寄托生活理想。

木梁头装饰 (1)

木梁头装饰 (2)

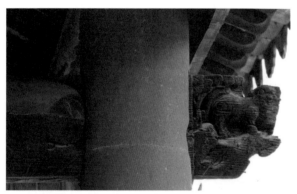

木梁头装饰 (3)

石梁头装饰 (1)

石梁头装饰 (2)

柱身

柱身造型有梭柱和直柱两种。宋代以后,梭柱在中原地区和江南地区较为少见,而在岭南建筑中,特别是潮汕地区多有使用,但是广府地区十分少见。中堂镇祠堂建筑中,柱子无论石柱还是木柱,皆无收分,基本都为直柱。

从柱身截面看,木柱皆为圆柱。石柱按截面形状则可分为八角柱、大方柱、小方柱三种。咸水石或红砂岩柱一般为八角柱或大方柱,花岗岩石柱一般为小方柱。柱身表面一般光滑平整,有的祠堂的花岗岩柱身四条棱边做纹饰处理,雕刻竹节纹或磨边倒圆角,与造型精细的柱础相匹衬,如潢涌村的荣禄黎公祠和东向村的钟氏宗祠。

红砂岩柱身

竹节纹柱身

梁底

斗拱梁架上连接前后金柱的大梁底部、前后檐的梁底部，会有一些浅浮雕，如简洁的盘长纹、藤蔓等纹饰，稍复杂的还有富贵牡丹、双龙戏珠、龙凤呈祥等。在观察黎公家庙的前檐石梁底部饰有卷草纹，而在荣禄黎公祠的中堂金梁底部刻有盘长纹。盘长本是佛教法器，又称吉祥结，因其形状连绵不断，没有开头和结尾，所以常用以表达长久永恒之意。中堂潢涌的黎氏大宗祠的梁底大都经过精美雕刻，有双狮戏球、双龙戏珠等内容，而在吴家涌的文林郎吴公祠，其后堂金柱梁底刻有双凤朝阳。

双凤朝阳

富贵牡丹

双龙戏珠

花果木雕

驼峰、柁墩

在大跨度的梁架体系中，木制驼峰、柁墩形态体量虽小，但处于梁架醒目位置，因此成为梁架的重点雕饰部位。

东莞地区清中晚期的祠堂，流行在木雕表面施以彩绘，用色以黄、绿、蓝为主，驼峰、柁墩木雕塑造的人物、瑞兽、植物、博古纹、如意纹纹样形象因此而更为饱满，更具视觉冲击力。

广府祠堂建筑中前堂前檐的檐枋梁架常采用形制独特的驼峰斗拱梁架。清代早期以前，为"木梁木驼峰斗拱"形式；清中期以后，檐枋梁架采用了花岗岩麻石材质，形成"石虾弓梁石金花狮子"形式。所谓"虾弓梁"，是广府地区对梁身两端向下弯折，中部平直，形如游虾弓背形态的石质梁的通俗叫法，石雕的"金花狮子"或"金花柁墩"置放于梁中部顶面。在中堂，观察黎公家庙、京卿黎公家庙等均有此典型做法。此外，还有以书卷形态代替狮子的做法。

木梁木驼峰斗拱

石虾弓梁石金花狮子

木驼峰 (1)

木驼峰 (2)

木柁墩 (1)

木柁墩 (2)

金花狮子

雀替

从结构功能上来说，雀替是固定在柱与额枋的相交部位，用于稳固两者的构件，接近于三角形的形体，易于雕刻成小巧而精致的装饰形态，常见花卉、博古、龙，以及人物等内容。如东泊廖氏宗祠出现的通透的木雕雀替，所刻画的岭南水果形象生动逼真。观察黎公家庙、江南社区的钟氏宗祠，石制雀替在石制虾弓梁和墙身之间形成了自然的过渡衔接。

石雀替 (1)

石雀替 (2)

木雀替 (1)　　　　　　　　　　　木雀替 (2)

🌀 4.1.4　屋面部位装饰

屋面装饰，主要集中于屋脊、封檐板等部位。

屋脊有正脊、垂脊和望脊（看脊）。其中，正脊是装饰的重点。

根据正脊造型及工艺技法，大致分为船脊、博古脊和陶脊三种形式。

船脊，也称为龙船脊，产生年代早于博古脊，高度也稍小于博古脊，通常只在脊身上灰塑浅浮雕的卷草纹。

博古脊在清中期开始盛行并延续下来，指脊身中段以灰塑图案为主、脊两端以砖砌，形成抽象夔龙纹饰的屋脊，夔龙纹为博古纹的原型，因此称为博古脊。

龙船脊装饰

博古脊装饰

陶脊产生于清代中叶，盛行于清末民国时期，尤以佛山沙湾生产的最为出名。众多"名牌"老字号如文如璧、英华、奇玉、宝玉等，其陶瓷制品大量使用于广府地区的祠堂建筑装饰中。在繁荣的商品经济环境下，制陶厂家会不失时机地为自己生产的陶脊做广告，制作陶砖安置于陶脊左右两部分，分别印制产品的制作年份及自家名号。如潢涌黎氏大宗祠首进前堂正脊正面，可以看到在陶塑"梁山聚义图"的左右两侧有两处陶砖，左侧印有"光绪乙未"，右侧印有"文

陶脊装饰 (1)

陶脊装饰鳌鱼 (2)

如璧造"。在民国三十二年（1943年）维修时，请广州市二沙头东源二厂制作陶塑瓦脊，还留下了"广州市二沙头东源二厂出品""民国三十二年冬月制"字样。此处的"文如璧"，原本为清朝康熙年间有名的石湾陶匠人，系广东顺德人，以名为店号。其本人过世后，子孙世袭，店名不改。早期陶脊多植物、动物形象，清嘉庆道光年间，粤剧开始影响建筑装饰，陶脊流行塑造传说典故人物形象。作为一个"老字号"，该店长期拥有技艺娴熟的固定匠人，施工力量雄厚，广府地区但凡祠庙建筑，陶脊规模较大者，皆委托"文如璧"承担制作。清光绪十六年（1890年），广东72县陈姓合族在广州建陈家祠，即由"文如璧"承制陶脊装饰；清光绪二十五年（1899年），佛山祖庙大修，其陶脊人物，皆该店所制；甚至在马来西亚马六甲青云寺，也保存有嘉庆年间由"文如璧"店工匠在石湾烧制成型，再运往当地安装的陶塑制品。

船脊、博古脊、陶脊三种形式正脊的产生虽然有先有后，但从今天中堂保存的祠堂来看，三者并非替代关系。晚清民国时期陶脊盛行，而新建或修缮的祠堂中，船脊、博古脊依然大量出现。当然，屋脊形态及装饰的变化，也呈现出由简而繁，由朴实而富丽的变化趋势，这也是广府地区明清建筑演化发展的一大特点。

现存的中堂祠堂建筑中，有相当一部分会在脊的两端安置鳌鱼一对，只是屋脊形态不同，其具体位置也会有所变化。

垂脊脊端一般以灰塑装饰，构图简单，色泽主要是黑底白纹。博古式垂脊脊端为博古形式。飞带式垂脊、直带式垂脊一般在脊端作卷草纹样，与搏风板的灰塑呼应，相映成趣。祠堂主体建筑与衬祠之间的青云巷入口门楼上的屋脊为看脊，中堂潢涌京卿黎公家庙青云巷的看脊为山水画题材。

封檐板是在檐口处钉制的木板，起到保护椽子，使其端部免遭雨水潮气侵袭的作用。这一功能性构件亦以浅浮雕形式加以装饰美化，以三段式或五段式构图，排列铺陈各类题材内容。由于檐下光线较暗，所以会在浮雕图案上施以彩色或金色，以突出视觉效果。

直带式垂脊脊端

飞带式垂脊脊端

中堂祠堂的封檐板，根据其内容排布，可以分为三种类型。一是中部主图为人物故事图案，如潢涌黎氏大宗祠和京卿黎公家庙前堂的封檐板；二是中部主图为书卷加字图案，如凤冲陈氏宗祠前堂的封檐板；三是通体以植物、动物为主要图案，如潢涌少泉黎公祠前堂的封檐板。

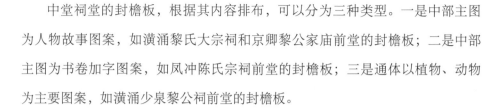

封檐板装饰 (1)

封檐板装饰 (2)

封檐板装饰 (3)

封檐板装饰 (4)

4.2 内涵丰富的装饰题材及内容

广府建筑装饰广泛运用木雕、石雕、灰塑等装饰手法，塑造了丰富的装饰题材和内容。不仅有龙、麒麟、凤凰等瑞兽祥禽，还涵括大量动物类、植物类、人物类、几何纹样等题材，表达人丁兴旺的宗族理想、登科及第的功名思想，以及吉庆祥和的生活愿望。

动物类题材有与"福"谐音的蝙蝠，寓意"喜在眼前"的报喜鸟喜鹊，权利与威严象征的狮子，借指长寿延年的仙鹤等；植物类题材，如莲，组合衍生连年有余、连生贵子、一品清廉、莲花缠枝纹等主题，牡丹以富贵荣华、国色天香著称；梅兰竹菊隐喻君子情操；人物类题材包括广府祠堂建筑中大门常见的彩绘题材门神，以及福禄寿三星、和合二仙等，驱妖避邪，喜庆祥和。此外，还有很多民间流传的传说故事成为约定俗成的装饰内容，如渔樵耕读、五老图、竹林七贤、桃园三结义、三顾茅庐、木兰从军、穆桂英挂帅、郭子仪拜寿等。几何纹样有方胜纹、冰裂纹、博古纹、盘长纹等吉祥纹样。

中堂保存较好的祠堂，在屋顶部分的屋脊、封檐板等部位，集中呈现各类装饰题材和内容。巧妙构图，精心组织，色彩鲜艳，形态生动，寓意深刻，俱为精彩非凡的建筑装饰艺术品。

4.2.1 黎氏大宗祠

潢涌村黎氏大宗祠的屋面是常见的硬山顶，中路两侧的檐廊屋顶为卷棚顶。其前堂正脊采用陶脊。前堂正脊为光绪乙未年（1895年）由老字号"文如璧"所制。陶脊正中部分所塑内容推测为梁山聚义图，晁盖正襟危坐，其余好汉排列两侧。共计27位，人物形象神态各异、精致生动，显示出梁山英雄的壮志豪情。梁山聚义图左右两侧的陶砖表面，分别印有"光绪乙未""文如璧造"的字样。

陶脊左侧为竹林七贤图，七位"贤人"或竹下对弈，或侧躺畅聊，或吟诗对赋，一派世外桃源的美妙景象。陶脊右侧与之相对应的主题为八仙祝寿图，八位神

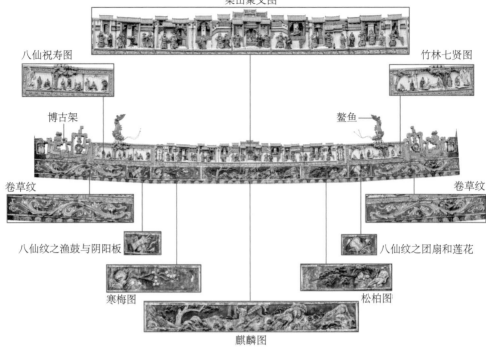

梁山聚义图

八仙祝寿图

竹林七贤图

博古架

鳌鱼

卷草纹

卷草纹

八仙纹之渔鼓与阴阳板

八仙纹之团扇和莲花

寒梅图

松柏图

麒麟图

黎氏大宗祠前堂正脊（正面）

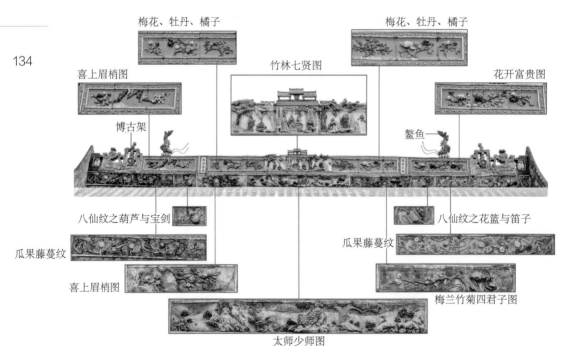

梅花、牡丹、橘子

梅花、牡丹、橘子

喜上眉梢图

竹林七贤图

花开富贵图

博古架

鳌鱼

八仙纹之葫芦与宝剑

八仙纹之花篮与笛子

瓜果藤蔓纹

瓜果藤蔓纹

喜上眉梢图

梅兰竹菊四君子图

太师少师图

黎氏大宗祠前堂正脊（背面）

仙姿态怡然，或吹箫，或畅谈，或瞭望，各具情态。

八仙祝寿图及竹林七贤图之上各设一鳌鱼。在陶脊的端部还使用了夔龙纹，结合瓶中牡丹、寿桃佛手，寓意平安富贵、吉祥长寿。

脊座承托陶脊，由灰塑装饰。其正中主图为麒麟图，左右辅图为松柏图、寒梅图。图中同时出现麒麟、松柏、梅花、寿石、牡丹等，既有岁寒三友之意，又有麒麟送福之祥。此外，还塑有"暗八仙"中的四件宝物，呼应八仙祝寿图。脊座两端装饰有黄色卷草纹。

前堂的垂脊尾部由博古架承托，脊尾饰有白色卷草纹。在垂脊尾部，端坐着琉璃狮子，一公一母分列左右两侧，四目相视，炯炯有神，狮嘴含佛宝，狮身通体绿釉，形象突出。

前堂正脊背面，陶脊正中为竹林七贤图，与正面人物形态有所不同。亦配有印制建造年份和商号名称的陶砖，陶脊左右两端的部分塑有菊花、柑橘、牡丹、梅花，寓意吉祥如意，富贵平安。脊座灰塑，正中主画为太师少师图，绘有一大一小俩狮子玩耍嬉戏。谐音取义，大狮为"太师"，小狮为"少师"。太师为古代官衔，此处借太师少师图表达望子成龙，科举取士之意。主画左右两侧的辅画分别为梅兰竹菊图和喜上眉梢图，辅画两侧的小品为"暗八仙"中的四件宝物，结合脊座正面的另外四宝，完整构成"暗八仙"。脊座两侧尾端饰以瓜果藤蔓之纹，以期子孙满堂、绵延永续。

首进左右两侧衬间正脊以灰塑塑造装饰形象，分别为主画岭南风光图，结合左右两侧辅画佛手图和多子寿喜图；主画岭南风光图，结合左右两侧辅画百合图和喜上眉梢图；画中均出现石榴、喜鹊、寿石、梅花、佛手等。正脊尾端博古架上还塑造有喜鹊、葫芦、佛手、狮子和鳌鱼等，这些反复出现的装饰形象，均意在强调各种美好寓意。

中堂正脊为陶脊，正中为二十四孝图，塑造了慈祥的老人和恭顺的青年共11个人物形象，生活气息浓郁，表达孝道伦常观念。陶塑主图两侧塑造有多种植物，如菊花、牡丹、南瓜、佛手、葫芦、柑橘、石榴、梅花等。在陶塑植物与脊尾博古架之间镶嵌陶砖，左侧印"民国三十二年冬月制"，右侧印"广州市二沙头东源工厂出品"，表明陶塑的制作厂家及制作时间。

中堂正脊的脊座仍为灰塑，虽因年久，灰塑颜色受风雨侵袭而脱落，但我们仍然可以大致辨别出图案内容。正中主图为"瑞记商店承建——布铜城作"的乡村风光图，图中描绘蓝天碧波、茂密树林、古塔小桥及农家小院，通体色彩丰富，构图巧妙。左一为喜上眉梢图；左三为鲤鱼跃龙门图，图中鲤鱼腾跃，真龙云中翻覆，教育后人不断进取，以期一朝中举，考取功名。右一辅图为寿居耄耋图，以菊花、寿石和蝴蝶，谐音寿居耄耋，祝颂主人长寿；右二辅图与左二辅图中绘制"暗八仙"的宝物，图中兼有文人书房器物，借物言志；右三是一幅凤栖竹林图。整个脊座由主图、辅图共7幅构成，经风雨洗礼，风韵犹存，令人赞叹。

黎氏大宗祠前堂左侧衬间正脊

黎氏大宗祠前堂右侧衬间正脊

黎氏大宗祠中堂正脊正面

后堂正脊为陶脊，下部未设灰塑脊座。正中为郭子仪祝寿图，塑造了15个人物，或抚须凝视，或手托寿礼，或两相交谈，或对视大笑，形象生动，好似真实场景出现在眼前。柱子左右的龙鱼装饰及衣袍上的铜钱纹、如意纹等细部装饰细小而精美，充实了整体形象，提升了艺术美感。

郭子仪祝寿图两侧由绵长的富贵牡丹图组成。陶脊上还镶嵌有"福"字陶砖，"福"字周围有白色莲花簇拥，配以蝙蝠形象。牡丹、佛手、枇杷，以及石榴、杜鹃、寿桃对称分列陶脊两端。左右两个"吉祥福到"的花窗，由祥云和灵动的蝙蝠构成，以祥云寓意吉祥，以蝙蝠倒置寓意福到。正脊左右两端有陶砖分别塑有"光绪乙未""文如璧造"字样，夔龙纹作为尾端装饰。

前堂与中堂之间天井左右两侧墙面设女儿墙，灰塑装饰。左侧女儿墙中部由夔龙纹环绕三幅图，左右两侧由博古架构成。正中主图描绘了岳母刺字"精忠报国"的故事，教育后人为国效忠。主图左侧辅图为富贵功名图，右侧为富贵吉祥图。在左右两侧的博古架上端坐着的蝙蝠环抱着摆满寿桃的花瓶，寓意平安长寿。

天井右侧的女儿墙正中主图为"杨香扼虎"，主图左侧辅图为喜上眉梢，右侧辅图为凤栖于梧。梧桐为树中之王，相传是灵树。《闻见录》曰："梧桐百鸟不敢栖，止避凤凰也。"《魏书·王韶传》曰："凤凰非梧桐不栖。"人们以凤凰择木而栖，比喻贤才择主而侍。此图意在教育后人明志不渝，尽孝尽

137

黎氏大宗祠后堂正脊正面

黎氏大宗祠前堂与中堂之间天井左侧女儿墙

忠，忠贞为国。左侧博古架上塑有蝙蝠，怀抱装满寿桃的花瓶，同时塑有金鱼，寓意金玉满堂、平安长寿。

中堂与后堂之间的院落左侧檐廊，屋面正脊正中主图为双龙戏珠图，右侧檐廊屋面正脊，其正中主图为双凤朝阳图，龙凤呼应，象征着人们对美好生活的向往。

前堂前檐上的封檐板为金漆木雕的精品，以郭子仪祝寿图为居中主题，整幅图由三个部分构成。封檐板的主图左侧辅图分别为喜上眉梢图、双骏图、年年有余图；主图的右侧辅图分别为祝贺寿居图、太师少师图、太师少师图。主图左右两侧辅图中穿插装饰小品，如博古架、花瓶、牡丹、仙鹤、寿桃、松鼠、葫芦、凤凰等，皆寓意吉祥。在两端收尾处雕刻博古架，上有一蝙蝠嘴衔着铜钱，寓意"福到眼前"。

中堂前檐上的封檐板则以动植物题材为主，正中为一只倒置的嘴衔如意的红色蝙蝠，寓意"福到吉祥"，另外还有龙鱼、凤凰、蝴蝶、喜鹊、牡丹、梅花、石榴等形象。

后堂前檐上的封檐板也以动植物为主，主要刻制了蝙蝠、牡丹、祥云、兰花、菊花。

黎氏大宗祠前堂与中堂之间天井右侧女儿墙

黎氏大宗祠中堂与后堂之间左侧廊正脊

黎氏大宗祠中堂与后堂之间右侧廊正脊

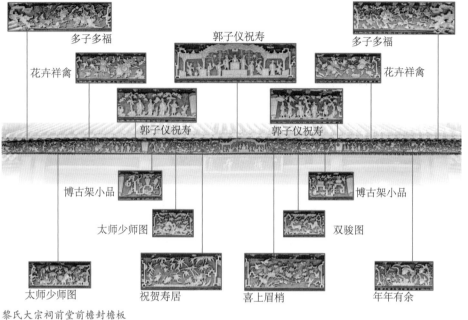

多子多福　　　　　郭子仪祝寿　　　　　多子多福

花卉祥禽　　　　　　　　　　　　　　花卉祥禽

　　　　　郭子仪祝寿　　　郭子仪祝寿

博古架小品　　　　　　　　　　　博古架小品

太师少师图　　　　　　　　　　双骏图

太师少师图　　　祝贺寿居　　　喜上眉梢　　　　年年有余

黎氏大宗祠前堂前檐封檐板

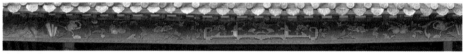
中堂封檐板

后堂封檐板

4.2.2　观察黎公家庙

　　潢涌村观察黎公家庙的前堂正脊为龙船脊，因年久失修，灰塑脱落，据遗存痕迹辨别，其正中主图为双龙戏珠图，右侧辅图为太师少师图，左侧辅图难以辨别。左右两侧的脊尾均描绘有夔龙纹，船托处为博古架。

　　后堂的正脊仍为龙船脊，通体灰塑，正中主图为喜上眉梢图，两侧为黑白相间卷草纹，船托处为博古架。

观察黎公祠前堂正脊

观察黎公祠后堂正脊

4.2.3　荣禄黎公祠

　　潢涌村荣禄黎公祠的前堂正脊年久破损，推测为陶脊形式，现正脊遗存为灰塑脊座，显示出"太师少师图"图样。

　　中堂的正脊为陶脊，因陶脊受损，人物形象已十分模糊。正脊正中主图为人物故事。主图的左侧为富贵平安花窗，植物图，年份陶砖，喜上眉梢图，夔龙纹；主图的右侧为富贵平安花窗，寒梅图，商号陶砖，喜上眉梢图，夔龙纹。灰塑脊座中央主图为金玉满堂图，左右侧辅图为喜上眉梢图，有莲瓣花纹穿插装饰。

　　后堂正脊陶脊、脊座破损，其塑造的纹样依稀可辨，与中堂类似，有夔龙纹，喜上眉梢图，商号及年份陶砖，植物等。

荣禄黎公祠中堂正脊

荣禄黎公祠后堂正脊

4.2.4　京卿黎公家庙

　　京卿黎公家庙的前堂正脊为博古脊，其正中主图为真龙出海，左侧辅图为福禄寿图，图中有蝙蝠、山鹿，还有寿石，谐音福禄寿，右侧辅图为太师少师图。尾部为博古架，上部有寿桃、石榴、蝙蝠，寓意吉祥。前堂两侧的望脊灰塑描绘了色彩斑斓的山水风光图。后堂的正脊仍为博古脊，正中主图为花开富贵图。左侧辅图为莲花图，右侧辅图为喜上眉梢图，尾部为博古式。

　　前堂的封檐板正中为金漆木雕郭子仪祝寿图，左右皆为喜上眉梢图，另有

京卿黎公祠前堂正脊

京卿黎公祠后堂正脊

京卿黎公祠望脊（1）

京卿黎公祠望脊（2）

梅花、蝙蝠、喜鹊、牡丹等内容装饰。后堂的封檐板正中为书房陈设，两侧由喜上眉梢图和博古架、植物等相互穿插完成构图。

京卿黎公祠前堂封檐板

京卿黎公祠后堂封檐板

🐚 4.2.5 袁氏宗祠

湛翠村袁氏宗祠于 1997 年重建，采用了新的建造和装饰工艺。前堂正脊为仿古陶脊，陶塑"郭子仪祝寿"为主图，左侧陶塑印制"南海务庄园林厂造"，右侧陶塑印制"一九九七年"，表明了陶塑出厂信息及修缮时间。

封檐板为瓷砖贴面装饰，正中为书写"锦上添花"的书卷，凤凰、菊花、牡丹等图布满主图左右两侧。

🐚 4.2.6 胜起家祠

凤冲村的胜起家祠的屋顶正脊皆为龙船脊，前堂正脊灰塑的正中主图为真龙出海，描绘了红鳞真龙在云海中翻腾，鲤鱼不断跳跃的生动画面。主图的左侧辅图为"英雄令"、喜上眉梢图；右侧辅图为"麟敕经"、喜上眉梢图，"麟敕经"系一头麒麟嘴咬经书的灰塑。

在前堂正脊的背面，其正中主图绘制了松鹤延年图，祝愿长寿之意。其左右辅图皆为山水风光图。脊尾黑色底面，饰以白色卷草纹，上部端坐鳌鱼，蝙蝠承托脊尾。

胜起家祠前堂正脊

后堂正脊装饰较为简单，正中绘制了一株梅花生长于寿石中，左右两侧皆用卷草纹连至脊尾。

前堂屋檐下的封檐板装饰纹样用色丰富，其正中雕刻了一个写有"兰桂腾芳"的书卷，蓝底白字，古典醒目，周围由艳丽的牡丹环抱。整块封檐板上还绘制了喜鹊、牡丹、石榴、梅花、"卍"字，以及"大吉"等图文内容。

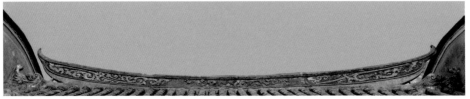

胜起家祠后堂正脊

胜起家祠前堂封檐板

4.2.7　陈氏宗祠

凤冲村的陈氏宗祠前堂正脊为龙船脊，脊身正中主图为岭南山水图，用色丰富，将岭南的俊秀风光表现得惟妙惟肖。左右辅图皆为喜上眉梢图，脊尾为夔龙纹。

前堂正脊背面正中绘制了喜鹊、石榴、寿石、牡丹，表达了吉庆、多子、长寿和富贵之愿望。左右辅图皆为风景图，脊尾为夔龙纹。

陈氏宗祠前堂正脊正面

陈氏宗祠前堂正脊背面

陈氏宗祠后堂正脊

陈氏宗祠前堂封檐板

后堂正脊亦为龙船脊，正中主图为八仙过海图，主图左侧辅图为双龙戏珠，右侧辅图为双凤朝阳。

陈氏宗祠的前堂封檐板由文字与植物装饰，整体以三幅书写篆体文字的书卷进行分段构图。正中黄色书卷书写"长寿吉祥"。左侧书卷书写"大吉"，与右侧书卷的"大利"组合为"大吉大利"。封檐板上还有牡丹、翠竹、梅花、菊花、兰花、石榴，以及喜鹊、蝴蝶等植物、动物题材装饰。后堂封檐板正中为喜上眉梢图，左右为装饰有铜钱纹的书卷，分别书写"如意""吉祥"四字，另有植物类纹样加以充实构图。

4.2.8　冯氏宗祠

东向村的冯氏宗祠屋顶正脊皆为龙船脊。前堂正脊正中主图为麒麟送子，脊尾由博古架承托，饰以卷草纹；正脊背面主图为喜上眉梢图。

前堂的封檐板正中为写有"藏风聚气"的书卷，龙凤左右辉映，可谓龙凤呈祥。封檐板左侧为"天姬送子"图，右侧有"八仙贺寿"图。

冯氏宗祠封檐板

4.2.9　泓聚霍公祠

斗朗社区泓聚霍公祠的前堂正脊是博古脊，正中主图据轮廓判断为真龙出海图，左右博古架安置佛手、喜鹊等。

前堂封檐板正中为祝寿图，图中老叟、儿童、妇女等人物形象，或游戏嬉戏，或手持寿品，呈现祝寿场景；另有喜上眉梢图、多子多福图相结合的吉祥图案符号，相辅相成，体现福寿主题。

泓聚霍公祠前堂封檐板

🌀 4.2.10 罗氏宗祠

槎滘村的罗氏宗祠前堂正脊为博古脊，其正中主图为"群仙祝寿"图，描绘出众人怡然自得的神态，和和美美的画面，烘托寿喜气氛。左右两侧皆为山水景观的小型辅图。辅图与垂脊之间为博古架造型。博古架上端坐鳌鱼。另有寿桃、花瓶、蝙蝠、佛手瓜和玉米。博古架尾端与山墙之间为蝙蝠。

前堂封檐板正中主图为金漆木雕的金街图，在主图的左侧辅图为喜上眉梢图、"花开富贵"书卷、张松献图图、多子多福图；右侧辅图为竹鹤图、"竹报平安"书卷、渭水访贤图、鸳鸯戏水图。后堂封檐板正中"书卷"书写"满堂吉庆"，辅图为博古架、牡丹。喜鹊、寿桃等形象相互穿插组合而成。

罗氏宗祠前堂正脊

罗氏宗祠前堂封檐板

4.3 传承门风家声的匾额及楹联

就建筑而言，联匾虽无具体的构造功能，但却可以抒发情感情怀，提升建筑空间意境。联匾指匾额和楹联，匾额主要镌刻或悬挂于大门、厅堂的高处居中位置，十分抢眼；楹联主要悬挂、张贴、镌刻于厅堂的檐柱、金柱或两侧山墙。联匾题字文辞简洁，内涵丰富，体现了中国传统文化的精髓，融书法艺术、诗文艺术于建筑空间，大大提升了祠堂建筑的文化意境。

厅堂联匾，将厅堂空间营造为富有文化韵味的文化空间，使得祠堂成为教育后人、耕读传家的重要场所。如“宜睦堂”“忠孝堂”“裕光堂”“德星堂”“敦本堂”“穆远堂”等匾额堂号，无不体现了宗族族人的愿望、期待和理想。同时，凡有获取功名者，俱题匾标榜。而邀请德高望重之人题赠联匾，则同样是一件光耀门楣的事情。

东泊社区的廖氏宗祠的后进大堂居中高悬“会元”牌匾，其上书“钦点同治乙丑科会元兵部主事廖鹤年立”。廖鹤年，为福州人，清咸丰壬子年（1852 年）科举人，清同治乙丑年（1865 年）科会元。

“会元”牌匾

黎氏大宗祠前堂封檐板下正中立有“德本”牌匾，其上书“钦旌德本潢涌里恭承甲申年重立”。德本的由来可从碑文中找到，在《明答禄与权文》中有：“有讳宿者，迁东莞之潢溧，黎氏之族，始大以蕃。自宿而下，颇得考其世次。有刲股肉以奉亲者，事闻于朝，诏旌表其门闾，署其里曰‘德本’，因建祠于里门之东，以奉其先祀，有田若干顷，以供其祠之粢盛。”

“德本”牌匾

在中进中堂正中悬挂有"忠孝堂"三字牌匾，其上全文为"赐进士及第翰林院编修文林郎纂修玉牒侍经筵日讲官眷生陈子壮顿首拜题忠孝堂天启三年癸亥岁八月之吉"。在后进后堂正中悬挂了"文章御史"牌匾，在后进门窗上还悬挂"竹苞""松茂"两块牌匾。

"忠孝堂"牌匾

"文章御史"牌匾

凤冲村的胜起家祠、陈氏宗祠，目前已作为陈伯陶史迹陈列馆对外开放供人参观，收藏保存了多块牌匾。其一，"进士"牌匾。清光绪十八年（1892年），陈伯陶壬辰科会试中式第七十八名，清光绪壬辰科会试主考霍穆欢（内阁学士兼礼部侍郎）、翁同龢（经筵讲官太子少保、一品顶戴、户部尚书）、祁世长（经筵讲官、兵部尚书）、李端棻（内阁学士兼礼部侍郎）等4人送陈伯陶"光绪十八年壬辰科会试中式第78名进士陈伯陶"牌匾。"进士"两个大字居中横排。其二，"探花及第"牌匾，是清光绪壬辰年陈伯陶考中探花后钦点之木质牌匾，"探花及第"四字居中竖排。其三，"咸安宫教习"牌匾，属清光绪十二年（1886年）钦点之木质牌匾。"探咸安宫教习"五字居中竖排。其四，"旨赏戴蓝翎"牌匾，牌匾右书"同治七年三月二十日奉"，左书"钦加都司衔□①先守备臣陈光永承奉"，"旨赏戴蓝翎"五字居中竖排。其五，"解元"牌匾，"解元"二字居中横排。胜起家祠后堂大堂居中高悬堂号"宜睦堂"三字牌匾，系顺德李文田于"光绪申卯（1891年）孟秋之月"题写。李文田（1834—1895年）为咸丰九年进士、探花，官至礼部尚书，工书善画，曾为陈伯陶之师。陈氏宗祠

147

---

①"□"处石刻缺损，文中凡出现"□"，均表示石刻缺损，不再一一说明。

后堂悬"德星堂"牌匾。

乡民对联匾文化的热衷，延续至今。各祠堂除保留了旧有的楹联，亦增加悬挂了不少祠堂重光之时人们题赠的贺联，新旧题写的楹联内容包括颂祖、励志、劝善等，状物写景，情景交融，对仗工整，意境深远。

（1）槎滘黎氏祠堂

前门联

> 京兆长兴族
>
> 豫章永盛宗

中堂前联

> 黎重英公自玺联姻恩渥远
>
> 湛宗露祖从翁撰匾文思长
>
> （新塘湛氏贺　湛凌松撰　湛若泉书）

中堂后联

> 祠襟九龙瑞气子孙千柯竞秀
>
> 堂纳四海祥霞胤裔万众争辉
>
> （槎滘村委会贺　邓永钦撰）

黎氏祠堂楹联（1）

黎氏祠堂楹联 (2)

中堂两侧墙身悬挂贺联

双凤朝阳祠宇重光彰祖业

九龙入泽水乡宏发引源流

（陈树德堂贺　苏荣辉撰）

继祖文贤正直清廉富国丰功长誉显

承宗武德宽仁博爱兴邦伟绩永名扬

（槎滘四坊贺　黎镇涛撰）

祠显辉煌奏凯荣归祭祖恭宗长垂后

堂呈耀彩歌功颂德敦亲睦族永光前

（西华黎氏宗亲贺　黎镇涛撰）

盛世修祠代代弘[1]扬先辈孝忠美德

诚心念祖时时惦记同宗手足情深

（潢涌黎氏宗亲贺）

---

①弘，原文为"宏"。

祠宇喜重光燕翼贻谋桂馥兰芬傅弈世

华堂欣焕彩凤毛济美竹苞松茂祀千秋

（苍头黎敦本堂贺）

脉出豫章祠喜辉容代代儿孙硕举丰功扬族誉

源由京兆堂欣耀貌时时胤胄鸿图伟绩振家声

（槎滘三坊贺　黎镇涛撰）

百福归堂祖业重光垂万代

九龙莅泽先宗共仰颂千秋

（槎滘二坊贺　苏荣辉撰）

祠貌重光气宇巍峨祖德宗功传后辈

堂容焕彩氤氲鼎盛子贤孙孝念先灵

（槎滘一坊槎贺　苏荣辉撰）

祠藏百福百代先人孝诚立世

堂纳千祥千秋后嗣诗礼传家

（槎滘小学贺　戴润林撰）

（2）潢涌黎氏大宗祠：

前堂联

清代以前：

系出豫章由莞博而溯惠雷衍派支分雁序与凤溪并远

郡原京兆诞忠贤而联科举文经武纬鹏飞偕旗岭高标

（黎尤吉撰）

2004 年重修后：

门对旗峰百代孝慈高仰止

祠环潢水千年支派永流长

（黎溢海撰）

黎氏大宗祠楹联

中堂前柱联

教孝教忠修以家永怀旧德

允文允武报于国式换新猷

（黎溢海撰）

中堂屏风联

东衍黎宗名门望族大地钟灵家声远

南姻秦裔世代书香华堂瑞气世泽长

（南岗秦氏教本堂贺联）

中堂山墙贺联（部分）

祖祠重光螽斯蛰蛰千年旺

宗堂焕彩瓜瓞绵绵万代兴

（龙门县黎氏宗祠贺联）

精乃武美乃文百代子孙承懿德

盛于明始于宋千秋频藻奉先人

（杨宝霖撰）

忠传后哲代代文豪长显贵

孝继前贤时时武杰永留香

（槎滘黎氏贺联）

庆维新美奂美轮龙盘虎踞

歌盛世肯堂肯构凤舞蛟腾

（黎屋围 新楼黎氏贺联）

后堂前柱联

祠庙饰新颜百代子孙长派衍

屏风开胜景千年宗德永留传

（保安围黎氏贺联、黎志诚撰）

后堂内柱联

孔惠孔时介尔景福

以飨以祀赉我思成

（黎溢海撰）

荫后园联

东门联

荫庇族群千载盛

后承宗德万年青

（黎桂康撰）

书法长廊东联

日月韶光长临勤地

士心贤德永续斯人

（黎胜仔撰）

书法长廊西联

立德立言立功必先立志

修仁修褉修业必先修身

（张铁文撰）

（3）东泊社区的廖氏宗祠

其前堂联

武威世泽

光禄家声

前堂柱门联

小大由之皆吉庆

出入可也俱安宁

横批

一帆风顺

东泊廖氏宗祠楹联

后堂内柱联

念前人创业维艰毋怠毋荒共展孝思光令绪

在今日统垂可冀克勤克俭各安生计裕良图

（4）槎滘罗氏宗祠

前堂联

理学家声远

豫章世泽长

罗氏宗祠楹联

第 5 章

传说故事、碑刻
题记与诗文题记 [①]

　　本章收录的六则中堂传说故事，题材内容生动丰富、情节描述瑰奇多彩，是研究民间文化和风俗习惯的重要文献。其中，两篇与祠堂建筑相关的传说，颇具神秘色彩，涉及祠堂的选址、方位和格局等内容，反映了古人的时空观念和对建祠事宜的审慎态度；一座庙宇建筑主梁被神化的传说，则显示出传统建筑营建体系中主体"正梁"的重要地位；"木鹅"漂流划定边界之说，生动再现了历史上中堂与周边邻里村镇之间的互动情景，聚落既以水为天然的分界，也以水为联系的纽带；"夺冠龙舟"和"一夜成舟"传说，让我们体会到龙舟文化的丰富内涵，领略了中堂龙舟制作工艺的独到精彩。

　　中堂文物工作者整理汇总的祠堂、庙宇碑刻题记，是今日我们了解和考证古建营造的重要史实依据。从年代来看，庙宇碑记多为清中晚期题刻。祠堂之中，潢涌黎氏大宗祠明代石碑碑记横跨宋、元、明几个朝代，历史价值十分突出，有助于我们了解潢涌乃至中堂的开发建设时序。这些碑记大都记述了建筑的重修经过，并阐释重修之意义，表达了古人对修建祠堂、庙宇的看法和主张。

　　古时享誉莞邑的觉华寺，今已重光，只是大多数寺中古迹已难再现。不过，文人墨客有关觉华寺的诗文题记仍然流传下来，让我们能够回望历史，一窥其当年作为"东莞八景"之一的绰约风采。

---

　　① 据《东莞市中堂镇志》《东莞市中堂镇潢涌村志》《槎滘村志》《槎滘黎氏族谱》戴润林老人搜集的资料进行选编汇总。现有资料对碑刻进行了断句和汉字"繁"转"简"处理。本书在此基础上进行了现场校对和修正，使用符号"□"替代缺损字迹。

5.1 传说故事

5.1.1 潢涌黎氏大宗祠祠堂坐向与格局传说

黎氏大宗祠的坐向总体是坐北朝南，但前中后三进的方位朝向有所变化。首进前堂北偏西 15°，中进中堂北偏西 17°，后进后堂北偏西 16°40′。村里还流传着一个厉布衣定坐向的神话传说，描述此布局是高人指点而定的"三元不败局"。

当年建祠平地时，有一个穿布衣芒鞋的陌生人，在工地上走前走后，左观右望，并在场地上前中后摆了三张椅子，整个过程中没有跟周围的人说一句话。椅子摆好后，这个陌生人便离开工地向石龙方向走去。在场的人觉得奇怪，当中有人猜想说这个人可能是堪舆大师厉布衣，因为近来厉布衣在东莞行走，曾点穴皇姑坟。时有谚语"族有布衣坟，繁昌必有闻"，广东许多望族巨贾，求他点坟穴，不惜一掷千金。建祠的主事人听了大家的议论，觉得有理，于是立即派人追赶，追至独树（石碣镇一地名）附近，追上了这人。一问，果然是厉布衣。于是潢涌的人恳请他转回指点建祠，厉布衣回答说："我已受人所托，只是顺路经过，不便转回。你们的子孙后代有无福气，应有定数。我已摆下三把交椅，方向皆不相同，是取灵龟长寿之妙，为风水中的'三元不败'格局，可依此摆布建祠。"追赶的人听了，道谢后便急急赶回，一问大伙，幸好那三把椅子都未有人动过，于是据此定下祠堂三进走向，将祠堂建成灵龟形，以后殿为正向，中进偏左，前进亦微偏左向。祠前傍河处有二埗头，是为龟的前足，祠后亦有建筑状龟尾巴及后足。祠的主体建筑俯视如龟背，中高而前后左右略低，房瓦片片则犹如甲纹片片，整个祠堂就像一只刚从池塘爬出来的灵龟。

乡人恐"灵龟"跑掉，就在祠堂东边的河涌上建了一座石桥，好似一把大锁，把"灵龟"牢牢锁住，让它永远护佑黎氏子孙。

5.1.2 潢涌北帝宫的神梁传说

北帝宫正梁上有个小窿，每当大风大雨到来之前，此窿必先有水珠滴下。早年潢涌人常据此防雨防洪。一般的屋梁最忌潮湿，潮湿一惹白蚁，二易腐朽，而此梁几百年来雨前滴水，却不曾损坏，可谓奇特，故被誉为奇梁。关于此梁的来历，有一个神话传说。

相传当年建庙时，材料皆备，唯独缺一条主梁，于是办事人到石龙圩买杉木。看过多间杉铺，都未找到合适称心的正梁，最后到了石龙圩最大的一家杉木铺，办事人说明了来意。话刚说完，老板就答话，说昨天有一个五缕长须、红颜白发、身穿黑衫的老人，已在此买走一根大杉，说是潢涌建北帝庙用的。办事人觉得很奇怪，庙是我们建的，买正梁事大，何以我们不知道呢？老板又说："自己店里上等梁木多的是，老人却独独看中有个窿的那一条，十分奇怪。"老板说完，拿来账本打开给办事人看，确有木梁的价钱和交易时间，都白纸黑字写得清清楚楚。办事人呆了，不知如何是好。老板见状说："你们且回乡看看，如果不是真的，明天再来买还未迟。"

办事人回到村中建庙工地时，见到工地前大河边果然浮着一条粗木，再仔细看，粗木上确有一个小窿，便将此事告知主事等人，于是众人一齐到河边观看。当地风俗，庙祠房屋的建筑，最看重的是正梁。大家看着这条有个小窿的粗木，不知道用还是不用好。在大家迟疑不决时，有人提醒说店主讲买此梁的人五缕长须、红颜白发，又身穿黑服，那不就是北帝爷的样子吗？说不定是北帝爷亲自到石龙杉铺买回的呢！大家听了觉得在理，主事人上前丈量，结果发现规格不大不小，不长不短。遂决定不再计较梁上的小窿，把此木用作北帝庙的正梁。

此梁现今依然完好，到潢涌参观的人，都会前往一睹其貌。

5.1.3 昔日江南村归属莞邑的传说

几百年前，东莞与增城划分县界时，两县商定从东江石龙江段处放一只木鹅，不加人力，任其随江逐流，木鹅流过的路线，南边就属东莞，北边就属增城。

木鹅放下后，一直顺江西流而下，漂到大墩村与袁家涌村相夹江段时，江面突起南风，木鹅偏离主航道，靠近北侧，从江南村的北侧小河中流过，后来才又流出东江，因此，东江干流以北江边的江南村，便归属东莞县管辖。

5.1.4 槎滘黎氏宗祠建祠传说

相传当年黎慕溪等族人商议建祠之时，找来一位地理先生选择祠址。遍观全村后，认定入村的9条河流汇合之处（西头）为最佳选址。这九河交汇之处，风水学中是"九龙入泽"之地，在此建祠，将出"九斗芝麻进士"，达官显贵，世代无穷。于是择吉日动土兴工。

数年之后，祠堂竣工，黎慕溪的岳父湛甘泉到槎滘探婿，湛氏也精于风水地理之术，发觉有龙气从祠前灵滘直冲新塘沙贝的四望岗。他恐槎滘胜过沙贝，于是派人在四望岗处建一座神庙，名叫"骑龙庙"，以图克制龙气。

这位地理先生还指点在祠堂前后各掘一口池塘，祠前的一口叫"栏杆塘"，解称是让先祖在祠前扶栏高瞻远瞩，日后出名门有望。祠后的池塘名叫"楼前塘"，"楼前"的谐音是"留钱"。在这两口池塘的开挖过程中，地下忽然涌出很多血红色的水，据说这是伤了龙脉，流出来的是龙的血水。这群受了伤的龙，不堪伤痛而四散逃走，最后剩下的只有一条受了重伤的独眼龙。当人们得知事之因果后，只好再请来地理先生，选择吉地兴建一条街市，作为留龙栖身久居之所。建街市地址选好，可到动工之时，已是清代中叶了。动工当天，天空出现多道彩虹，随后乌云密布，雷鸣电闪，像是真龙挪窝现身，是为吉兆。新街市建好后，命名为聚龙街市，街市的两头，各有一座木桥，位于祠左侧的叫"聚龙桥"，祠右侧的叫汇源桥。1930年，"聚龙桥"改建为混凝土结构桥梁，汇源桥改建为石桥，相留至今。

5.1.5　夺冠龙舟传说

鹤田村与"龙"颇有渊源，有不少相关的故事和传说。

早年戴姓入迁卜居时，风水师指点在村西取地，说此地有龙气，坊名定为"龙窝坊"，沿用至今。清咸丰元年（1851年），中堂龙舟景扒大标，鹤田龙舟夺冠，有人成诗志贺流传至今："中堂出标是元年，果真扒出是真贤。到处龙舟来趁景，第一飞龙是鹤田。"那条夺冠的龙舟，还留下一个传说。

这条夺头标的龙船，龙脖涂黄色，取名"金臂（脖）仔"。夺冠后，当年的龙舟活动很快结束了，按惯例，船体掩埋在水床里，龙头则搬回洪氏宗祠，放在神台下。来年开春耕播插秧后，一天早上，稻田里有一处禾苗被啃了一半，人们以为是掌牛仔不小心让牛偷吃了，这现象常有，也不大在意。可是接下来几天朝朝如此，田主便在心了，想查出是哪头牛吃的，以便追责。当人们细查之后，觉得事有蹊跷。一是在晚上吃的，二是田中不留任何痕迹。如果牛下田吃禾，田中必留蹄印。正当人们一头雾水之时，突然有人发觉摆在祠堂神台下的"金臂仔"龙头的嘴角边有几缕青青的禾苗，原来是这个得了灵气的龙头偷吃的。为了不让这龙头再吃青苗，人们便用一条画了灵符的铁链把它锁住。从那以后，果然不再有禾苗被吃的现象出现了。而人们又怕神龙饿坏，此后不时有人割些青草放到龙嘴边。

5.1.6　一夜成舟传说

斗朗龙舟景定在每年农历五月初二。斗朗的龙舟制造业已有300余年历史，为东莞之最。斗朗造龙船流传着一个"一夜成舟"的传奇故事。

民国早期，增城某村到斗朗求购龙舟，要求是当天交定金，第二天交船，这可难煞了斗朗村的龙舟师傅。那年月，造龙舟的锣、刨、钻、钉全靠手工，正常情况下，人手齐全、紧凑施工也需六至七天，岂能一夜成舟？大师傅皱着眉头揽下了这单生意，随即召集全村的造船人手，分工合作，争分夺秒，并且不允许减料偷工，彻夜不眠工作，加上一个忙而不乱的白天，隔天傍晚，竟然如期交船。事后连造船的人都几乎不敢相信，说是绝无仅有，空前绝后。这条龙船在后来的多次大赛中连连夺冠，人们给它起了一个名字叫"过天星"，享誉为快比流星。这条"过天星"使斗朗造龙舟的名气大增，享誉四方。

5.2 碑刻题记

5.2.1 潢涌黎氏大宗祠古碑文

黎氏大宗祠内有古碑刻两块，均刻制于明永乐十三年（1415 年），分别立于后堂的左右两侧。一侧为青黛色石碑，高 1.4 米，宽 0.9 米，厚 0.12 米，红砂岩底座，长 1.04 米，宽 0.36 米，高 0.48 米，有篆额"东莞黎氏祠堂碑记"八字，上、下两栏分别刻元代赵孟𫖯的《黎氏祠堂记》、明代陈琏的五言体诗和明代陈用元文。另一侧同样为青色石碑，高 1.5 米，宽 0.86 米，厚 0.12 米，红砂岩底座，长 1.02 米，宽 0.34 米，高 0.4 米，无碑额，上、中、下三栏中分别刻有宋代李春叟文、明答禄与权文和明赵宜讷文。

后堂碑文一

（1）《黎氏祠堂记》

仆初抵粤，问粤之俗，有谓东莞黎氏者，能世儒而敦族，仆未能详也。

按黎姓始著于书，详述于史，粤之黎未闻。《惠阳志》载：黎献臣自三礼出身守，雷以文学政事著，居博邑白沙，厥后罔显。

一日，倏有鉴字希明者，会于惠泮，知其为雷州后，而居东莞之潢溪。出其诗，有"诗书道大功名小"之语，仆矍然曰："黎氏有后矣，何其识之伟而学之正也，所谓世儒而敦族者，有自来矣。"倏别去，犹未详焉。

仆留粤城，希明来，因详之，告仆曰："鉴族自赣迁惠、雷州后，孙宿迁今居。厥后族以蕃，有以割股事闻，旌门坊曰'德本'，爰建祠堂于坊之东，以奉不毁之祀。岁有田以祭。积其余，建石西义塾于祠之右，有年矣。俱以兵毁。迨田复旧，因得创复旧规，虽不逮昔，而奉先祀，淑来裔，有其地。襄建以癸巳岁，今复建以癸巳岁，殆若合符先传于焉可证矣。壁书《苏氏族谱引》、陈氏《思亭记》、陆务观《义庄记》、马援《诫兄子书》、山谷《寄祝有道帖》，使拜于堂下者观感焉。于是吾族睦姻之谊，获以不废，而诗书弦诵蔼如也。祖宿至鉴八世矣，敢以详告。"

仆闻之，复矍然曰："黎氏诚有后矣，希明之识与学有自来者信然矣，是将薰其族而皆若是矣。希明其为黎氏贤子孙欤？"希明起拜，曰："是非鉴所能也。吾祖父之所教也，吾祖父之所植也。族自吾祖父以来，世为儒，是业欢洽无间言，乡先生且歆美之，以为里望族无是，至大书以为黎氏子孙勉，鉴等不敢不勉，惧为先世羞。先生既闻其详矣，敢求记以贻吾后。"

仆乐道人之善，不敢辞，因为之言曰："人惟不知有祖，而后以族为途之；人惟不知有学，而后怠于尊祖。《鲁论》首学即言孝悌，而言追远归厚旨哉！"黎氏有祠矣，复有学以固其孝悌追远之心。黎氏祖父善于训子孙，而鉴等族昆弟善于绳祖父，盖将传百世不朽。是不可不书以俟观民风者也。

至大己酉，从仕郎惠州路博罗县尹四明赵孟傑撰

（2）陈琏诗

有美诗书裔，由来号德门。分符闻远祖，冠冕见诸孙。

兰玉春风蔼，松楸雨露繁。奉先祠凤构，系族谱犹存。

制度深详究，仪文旧讲论。堂阶明等级，昭穆序卑尊。

祭器清尤洁，斋居寂不喧。丽牲碑已老，玉瓒礼弥敦。

承祭推宗子，联行肃弟昆。频蘩供俎豆，醪醴注罍樽。

缩酒茅偏洁，焚香鼎自温。暖光浮蜡炬，烈焰烛䍋盆。

裸莫终三献，歌谣遍一村。燕毛常序齿，敬祖重分膰。

士论咸归美，乡闾无间言。观风有使者，我喜为敷宣。

大明宣德二年龙集丁未二月初吉，通议大夫、通政使司通政使、兼国子监祭酒，同邑陈琏廷器甫撰

（3）明陈用元文

东莞黎氏祠堂之建，四明赵先生孟傑为立记。元末，祠毁于兵燹，碑亦亡去，

其文幸存。国朝洪武初，十世孙监察御史曰光字仲辉者，率其族人于故址重建焉。翰林待制浚仪赵公宜讷从而记之，一时台阁名贤，皆著铭诗赞颂。而御史公官守于外，因循未能伐石镌刻以卒。

永乐十三年，族人存道辈以旧祠卑隘，辟而广之。堂室门庑，焕然一新，既迄工，乃悉取前人文词，勒诸贞珉，冀垂不朽，命予为之书。

予惟：昔《清河元文公庙碑》，御史马公为文，而得虞文靖公书翰，鸾翔凤翥，至今人以为宝。黎氏之世德，翰林台阁诸公之文词，视清河无愧色。独惜予之书，不足以企文靖之万一也。为黎氏子孙旦夕陟降于堂，诵其文词，油然感激，思有以迓续前人之庆于无穷，顾不韪欤？于是乎识。

颖川陈用元谨识

后堂碑文二

（1）宋李春叟文

黎为潢溪著姓，族大且夥，环一乡而居。暇日往来相劳问，花时月夕，杯酒取欢笑；遇节序，拜长幼，骈集侃侃熙熙，通有无，共休戚，友爱雍睦，蔼然有古风。吾里多望族，有是哉？尝诵"常棣""阋墙"之诗，吁嗟，今之人兮可悲也！愿黎氏之子孙世守此意，谨勿忘。

宋特奏进士、朝奉郎、军器大监，梅外李春叟撰

（2）明答禄与权文

甚矣，追远之道，不可不重也。苟非仁孝出乎性，诚敬存乎心，流风余韵，相传之远。祖德遗训，涵育之深者，不能致其如在之常。高曾以上，不可得而建矣。苟得蒙其福泽，承其故俗，沐其积善之余庆焉。则祖宗虽没，世犹不能忘也。此东莞黎氏之所以立祠奉祀之弥谨也。

按黎氏得姓，其来远矣。昔在高阳氏之有天下也，命南正重以司天，火正黎以司地。唐、虞之际，羲、和氏实唯其后，历夏、商以至于周。夏官司马，列于六卿，子孙因之以官为氏。至汉，而谈、迁父子相继为太史公。故自羲、和以来，世掌天官，皆重黎之后也。自汉而下，黎氏谱系，弗可详焉。历唐及宋，

迁徙亦异。其在广之东莞者，当宋中衰，高宗南渡，有讳献臣者，自赣迁惠，居博罗之白沙，以三礼进。其守雷也，文学政事，著名当时。

有讳宿者，迁东莞之潢涌，黎氏之族，始大以蕃。自宿而下，颇得考其世次。有刲股肉以奉亲者，事闻于朝，诏旌表其门间，署其里曰："德本"，因建祠于里门之东，以奉其先祀，有田若干顷，以供其祠之粢盛。又建义塾于祠西，延师教其族之子弟。宋之季世，皆毁于兵。元至元癸巳，举族同力兴复如故。至正乙未，复罹兵毁，靡有孑遗。大明定中原，洪武三年，黎氏族党再复义塾，方将经营祠堂，黎力未能举也，于是重辟祭田。岁时族长率其子孙，权修祠事于义塾。至乙卯岁，祠堂始成，春秋奉祀，卒如先志。自元至今百年之间，黎氏之族，以儒起家至教官者若干人，至宰邑者若干人，大明受命，宿十世孙光，起家首拜监察御史。

呜呼！德，莫先于孝养；孝养，莫大于送终；送终，莫大于追远；追远，则事亲尊祖之义备矣。黎氏建祠以奉祖宗之祀也，自宋至今二百余年，祠堂、义塾再毁再复，非世德之积能若是乎？非仁孝诚敬，教之有素，能若是乎？事已如存，民德归厚，吾于黎氏见之矣。是宜为记，刻之贞珉，以告将来，且以示子孙于无穷焉。

因光之有请也，故书其本末如此云。

洪武七年，岁次甲寅仲秋初吉，文林郎

今□□道监察御史答禄与权撰

（3）明赵宜讷文

祠堂之制，非古也。古者大夫三庙，视诸□□□□□；□□[1]二庙，视大夫而降其一。官师一庙，视大夫□□□□□□[2]焉者。后事诸侯无国，大夫无邑，其制未免有同□□□□[3]度。尊祖者，既衰而不严；事亲者，又厌而不尊，先王□□□[4]礼，始尽废矣。士庶人有所不得为者，以祠堂名之，以寓报本反始之诚，尊祖敬宗之意。此广东东莞黎氏祠堂之所以建也。

---

① 此处石刻缺损，潢涌黎康松抄本作"侯而降其二适士"。
② 此处石刻缺损，潢涌黎康松抄本作"有不得而降"。
③ 此处石刻缺损，潢涌黎康松抄本作"室异室"。
④ 此处石刻缺损，潢涌黎康松抄本作"宗庙之"。

黎氏系出重黎后，由夏商暨周，子孙因之，以官为氏。宋南渡，有讳献臣者，自赣迁惠，居博罗之白沙。以三礼进，知雷州，文学政事，名于时。有讳宿者，自白沙徙迁东莞之凤凰溪，学行修明，化及一族。为父者严，为母者慈，为子者孝，为妻为妇者顺，为兄为弟者，怡怡愉愉。然黎氏亦仅仅十家产耳。每俭月，常以贷为赈；岁饥，即以赈为施；乡邻惟恐其不蕃衍也。宋季世尝旌其孝义，署其里曰"德本"。因建祠买田以奉祭事，又置义塾，延名师以教族之子弟。由是黎氏以儒术起家，典校官，宰州县，登台阁者，代不乏人。

德祐间，祠堂灾，元至元癸巳重建之。至正乙未，再罹兵燹，则莽焉为墟矣。会天下入今职方，族之长永安，倡众仍构故址。每朔望谒拜，春秋奉祠如初。

洪武建元之五年，宿十世孙曰光，忠信明决，倜傥有奇气，且积学能文章，有司大索以应皇诏，拜监察御史。绣衣所至，风采凛然。爱以抚民，礼以下士，其或有干天纪，冒皇法者，则不少贷。谠言弘议，日闻于上。呜呼，黎氏其有后矣！

余年耄学落，以故官处濠上，尝得见御史公于凤阳学宫，语及前事，且属余记之，弗获辞。余窃闻宋丞相文信公宿半山寺，见寺僧有为舒王忌日者，公叹曰："舒王一饭，乃托浮屠氏耶？"信公所为，自致不朽，固不在此，而于此不能无所感焉。今黎氏祠堂之废兴者，凡三见，而其子孙报本尊祖之心，历二百余年犹一日，诚可尚也已。然祠堂之作，非徒俾子孙求祖宗音容于土木之间，盖将俾后来者，知吾祖宗积之厚，闳之深，有以致其光且远也，尸祝祠事云乎哉？御史公今逢其吉矣，是天报之而犹未也。使黎氏满百世常如今日，又过百世而亦未也。必使子孙孙子如御史公者。登斯堂，读斯记，皆为孝子，为忠臣，其庶几乎？

传曰："君子思终生不辱。"余于黎氏深有望焉。

洪武甲寅冬十月既望，前翰林待制、奉训大夫浚仪赵宜讷记

5.2.2 袁家涌慕庄公祠古碑文[1]

　　十一世祖慕庄公小宗祠前石街为四方往来之冲，诚要区也。先人经营购石修砌，非不尽善弟。经阅数十载来，石多破碎不平，步履维艰，岂成康庄大道耶？庚辰冬，合房内子姓倡议重修，议用青石易之取其耐久。加阔数寸，以便往来，洵为美举。惟计自北街起至南汴闸门止，统约石路长五十丈有奇，工费浩繁，非仗有力者难勷厥事。爰是询谋佥同，阖房子姓，亦皆踊跃乐助。鸠工辇石，不日成之。虽非敢云康庄大道，然以视夫向之破碎，步履维艰，未始不大为之改观也。兹当落成伊始，因备述其颠末，并乐助芳名，勒石以垂不朽。并附记：小宗祠右余地尺许，系祠地界。

　　　　　　　　　　　　　　　　二十一世晓山氏光□谨志

　　道光元年辛巳三月□日，二十世房长念修、廿一世宗子光垣等同立

5.2.3 槎滘黎氏宗祠古碑文

（1）湛若水撰《槎滘黎氏新建祠堂记》

　　甘泉子言之曰：王道之行，其易易乎！何居□礼，君子将营宫室，必先立祖庙。祖庙之设，所以尊尊也；尊尊也者，所以亲亲也；尊尊亲亲也者，所以笃恩义也；笃恩义也者，所以正伦理也。是故人人尊其尊，亲其亲，恩义以笃，伦理以正，家齐国治，而天下平矣。是故先王重之而君子务焉。易之萃曰："王假有庙"，是故因人心之同然，而萃聚之者，莫大乎庙矣。槎滘黎氏前未有祠堂，有祠堂嘉靖丁亥始也，玄孙玺会诸父昆弟为之也。玺，甘泉子婿也，志古之道也，介其叔某也、某也来告甘泉子曰："吾始祖曰英，宋学士也，咸淳间始自南雄迁来东莞之槎滘焉，四传而至先祖曰士进，号槎江府君，敦古崇俭，家业以昌，置祀田一百亩。然而行事於私室，未有祠堂也。有祠堂自嘉靖丁亥始也。祠堂凡三层（"层"疑为"进"——编者），凡为屋九间，左右廊庑凡若干间，其费则丁捐银四钱，粮石捐银捌钱，又出者听之。专以奉二代而奠其主，岁冬至、立春行事焉。请公训言记于石，以垂示子孙

第 5 章　传说故事、碑刻题记与诗文题记

165

---

①该碑文略去落款前的捐款人名单。

于无极。"甘泉子叹曰:"嘻! 不亦善乎! 夫祭,所以报本反始、崇德善族也。冬至必祭,示人莫不有始也; 立春必祭,示人莫不有先也。今夫动植飞潜之微,莫不有始焉,豹獭之细,莫不知报本焉,而况于人乎! 故升其堂,入其室,履其位,行其礼,致爱若存,致悫若著,僾乎若有见乎容声,洋洋乎如在乎左右,是故尊尊之孝勃焉生乎其间矣。孙曾云仍对越乎下,班立则上下以世,左右以齿。纵而观之,自下而上,本于祖一人之身而敬形焉; 衡而观之,自中而左右而外,如分一人之肢而爱形焉,是故亲亲之恩蔼焉而生乎其间矣。尊尊亲亲而道行乎其间矣。是故笃恩义,正伦理,莫大乎庙祀,庙祀立,则人知重本,知重本则知持身,知持身则知保家,以无辱己所自出焉。诗曰:'无忝尔祖,聿修厥德。'吾盖有望于黎氏矣。"

(嘉靖十七戊戌　湛甘泉七十三岁)戊戌四月初一日

(2) 陈琏撰《茶滘黎氏族谱序》[①]

东莞茶滘黎氏,先世南雄人。迨今八传,派系蕃衍,而以二致政公为一世之祖,致政以前,世次名讳,不可得而考者,由旧谱亡佚故也。七世孙观诚等重修之,既脱稿,来谒文为序。予既嘉□□□□……,夫黎子姓也,其爵为侯,实始于商,黎城县有黎侯故城是其地。后齐大夫黎弥、黎且,则以邑命氏,齐之黎邑是其地。至汴宋有黎威者,尝为安南节度,曰黎上行、黎仲者,同登嘉祐进士第,此其为尤著。而岭南之黎亦盛,代有闻人,未易悉数。茶滘之黎,虽云出身南雄,而南雄以前,又未知何所出也。予观世之受姓氏者,莫非古圣贤之后,安知其不为黎侯之远裔耶? 爰自致政以来,诗礼相承,为邑著姓,苟非先世积累之厚,焉能至此? 为其后人,当念祖宗垂裕后之道,思衍庆泽于无富,则善矣。其尚勉旃。

5.2.4 潢涌北帝宫古碑文

吾乡之东,有真武大帝庙,由来旧矣。据上游之势,持福善之权,庙貌巍峨,威灵赫濯。创于何代,兴于何年,阙不可考。余自髫龄时,屡从瞻拜,见乡

---

①由于石碑残损严重,所录内容仅为其中片段。

之中四时祭，香火之盛，甲一都焉。然历载久远，屋老瓦落，堦廉颓仆，墙垣断圮，自庙庑神门，以及堂室悉皆敝坏。神不即享，人失瞻依，而坐视不理，正非所以妥神灵而惬群情者也。吾宗族中，黎朝佐，黎琼玉等，慨然倡议，士夫成其美，耆庶协其情，捐赀购料，惟恐后时。聚材而山木委积，陶埴而瓦甓完坚，工人献巧，役夫展力，由小而大，由内而外，以次俱兴。凡像设之㣲剥者，榱桷之蠹败者，土木之积者、沏者，靡不新之。又于西偏刱为客堂数椽，以为事神者齐集会聚之所。盖视前规制，又加宏焉。于以报祀瞻冀，大慰有众。即讫工，黎朝佐辈将图坚石，刻其修复之由，并诸助赀相力者，示于后，遂推余以为之辞。余惟佞神邀福，儒者弗道，唯问事之当为与不当为耳。余考真武大帝载在祀典，国朝大内，犹崇奉之，况于吾潢溪一乡，蒙其福，合族被其庥者乎？又事之当为不可缓焉者也。而朝诸君子乃能协谋合志，以完修为己任，而一时之义士，又能乐于资助而无所龃龉，皆可谓不思议功德而勇于为所当为。则他日之默蒙福庇，又可据理而信其必然者矣。是不可以不书其事以告来者。

敕授儒林郎、山西布政司经历、署太原府同知、加三级，黎乃璸熏沐拜撰。

缘首事：黎朝佐、黎琼玉、黎颖今、黎鹤林、黎经远等。

总理事：黎捷凳、黎泽波。

督催事：黎声广、黎美大。

嘉庆六年岁次辛酉仲冬谷旦重修

5.2.5 吴家涌天后宫古碑文[1]

燮堂薰沐敬撰：盖闻天地者历万古而不变，神灵者越千载而常存；至于物则代远年湮，势必舍其旧而新是谋，者如我乡天后宫所由重修也。兹乃金容不改，何须涂泽之。丹青庙貌，更新频兴。大小之宗桷，成裘既集夫狐腋，启土爰得其鸠工，不日告成，终形巩固，维时观止，长此巍峨，松影参天。行见根移曲径，榕阴蘸水，俄闻叶响长廊。前朝大岭之青，回环在抱；后拥南乡之翠，灵秀独钟。所以妪育群生，共沐深恩于不朽。人称众母，咸沾厚

---

①该碑文略去落款前的捐款人名单。

泽于无穷，况兼列圣咸灵，无求不应，阖乡祈祷，有感皆通顶。预祝千秋，心香一办，将见风调雨顺，家家共集祯祥，时和年丰，岁岁多蒙乐利，虽历重洋而贸易，伏冀海波不扬。居故土而输诚，更卜簪缨勿替。略陈俚句，爰勒贞珉而并列芳名于左。

　　光绪二十三年岁次丁酉阳月吉日，沐恩倡首值事信士：吴世繁、达权、焕阶、阿波、承祐、梦怀、阿光、阿暖、畅基同立。

沐恩信监：吴燮堂薰沐敬

5.2.6　鹤田村天后宫古碑文[①]

（1）重修天后庙序

　　吾乡天后宫建宇，崇祀历百余年于兹矣，近为风雨剥蚀，合议重修。但鸠工庀材浩费甚广，于是集众倡议签题工金若干，以为土木之费。兹已落成，庙貌聿新。首事以及缘助不欲没其姓字，爰是嘱余用识数语，剞劂诸石，以示弗朽云尔。

嘉庆十六年岁次辛未三月榖旦、生员洪士柽谨识

（2）重修碑记

　　盖神存护庇之心，备灵明之体，遂能行符敕水，锡福弭灾。甘霖为济世之丹，灵旆乃庇民之障，是以历绵时代并显声闻，越在今兹，尤为徵验也。我乡鹤田建庙于斯历有年，所凡士女莫不嘉赖焉。但此庙阅时既久，风霜剥蚀，顿为改观，遂乃集众签题，重新创建。将来烟霞增色，香火缘深，为神奠厥，居即为士申其报矣。

光绪二十一年岁次乙未十一月仲冬榖旦立

5.2.7　东向村东溪古庙古碑文[②]

（1）乾隆年间古碑

　　吾乡古庙有五：曰福德、曰惠福、曰康王、曰金花、曰大庙。溯厥所由，

---

①②碑文均略去落款前的捐款人名单。

同创建于明初，而约亭后神宫处。

奉神为一乡之福主，则惟夫庙。前环宝海，恍银带之光旋；后拥增岗，拟翠屏之罗列；浮山左峙，狮塔旁参。维神赫声濯灵，有求必应，岂顾问哉？前庚申岁，强寇压境，众皆震惊。维时二三父老赴庙祈祷，神威显应，借炮扬灵，旗首即为中伤，舆尸而遁。谓：非神之于昭于，吾乡何克至此。古今吉旦芳辰，士农捧筐而进，工贾称觞而前，赫赫若前日事也。但世远年深，风雨震撼，庙之榱栋垣墙，不无朽坏。兹幸衿耆咸思兴复，踊跃捐题，集腋成裘，鸠工庀材，重新修理兴工，于己未年十月十二日落成。于庚申年七月二十五日，猗欤休哉，美轮美奂，庙貌壮巍峨之观，如采如章。圣相焕金光之色，斯固绅者之愿，力宏深而实。惟神之威灵显著，故能有举，必先刻期竣事也。使不勒诸贞珉以绝厥美，何以彰盛事于靡，既申乐岂于无疆哉！余小子等萃处西北隅，近戴神光，永沾圣烈，用是敬书巅末，详勒衿耆乐助芳名碑，与神麻并垂不朽。若夫物换星移，有剥斯复后之视，亦犹今之视昔，其又厚圣于将来欤。

乾隆五年岁次庚申吉旦立

（2）道光年间古碑

东溪古庙乃吾乡万下屯香火也，创自明初。先世从军至此，遂安居乐业焉，神庙建焉。迄今数百年来，叠次重修，其墙壁依然，而瓦面颓圮，乡人岁时□赛，瞻拜恻然。群相踊跃捐资，俾栋宇焕然增色，珠联璧合，祥光普照乡间。玉像金容灵威，遏除海寇，藉神灵之灵庇，物阜民安。合众志，以乐助人和俗□鸠工告竣，共庆落成。所有捐签，随其份金多寡，分列先后，俾勒诸名，以垂不朽。

道光元年季冬穀旦重修立

（3）光绪年间古碑

吾乡东溪古庙，世俗相传，呼为大庙。溯其所建已有数百余年。前人叠次重修，既详其说，无庸多赘□。自道光元年重修迄今，又有五十余年之久。垣墉已坏，榱桷尽枯。欲仍旧谋新，但工费浩繁，经营不易，是以屡经酌议，未获攸成。忽于本年孟夏念五日，邓岗、邓炳华、钟铭新三人，雇舟同往石楼乡观景，旋归，倏遇狂风疾起，海中之舟沉溺者不可胜数。是时岗等慌忙无措，默祷神圣扶持，倘得还乡，重修大庙。未几风雨渐息，翌日喜得回家。德戴二天，恩沾再造，于是集庙商议。欣为魁首，持筹执簿，踊跃捐资，凡我万下屯人，罔不欢悦，立即祈神，选日卜吉兴工。所有庙内垣墙以及地基天面，咸与维新。自是岁仲秋下干念八日起，以至冬季上干初三止，修造数月之久，费用数百之金，刻楠丹楹，共觏翚飞鸟草雕，墙画壁□，观松茂竹芭。兹者鸠工告竣，快瞻落成，庙宇焕然，神人共乐，此固我乡一屯之光，亦吾庙列神之灵也。谨将各姓捐签之名，由重至轻，列为序次，云列如左，爰是勒碑永垂不朽云。

光绪元年岁次乙亥季冬上干吉旦重修立石

5.2.8　下芦村观音宫古碑文[①]

盖凡建庙皆由上古而始兴，后接源源而创建，往往然也。而吾乡自起居址至今，藉赖神德昭彰，威灵显赫，惟庙宇未备。忖思无以为诚，慈集众拟，踊跃□□各题肋，建成庙貌，恭迓神威端座。建造落成，宜镌刻石碑，记录永远，福有攸归。

首事：刘廷简、胡胜羡、吴秀长、邓映波等。

乾隆三十四年岁次己丑季冬吉日立

5.3　诗文题记

(1) 觉华寺题诗

题觉华寺

宋朝东莞县令赵寰夫

古寺幽深入，长堤诘屈行。

瓜藤绕瓦屋，棕叶拂檐楹。

---

①该碑文略去落款前的捐款人名单。

客枕秋风冷，江村夜月明。

县官来托宿，鸡犬不曾惊。

觉华烟雨

明·陈琏

芳洲启兰若，沧江自环至。

终日风雨来，长林翳烟雾。

香凝蘑葡花，翠湿菩提树。

高僧悟禅秘，妙断往来趣。

时闻独鹤鸣，莫辨孤鸾去。

薄暮动疏钟，空濛不知处。

觉华烟雨

明初东莞诗人陈靖吉

江心楼阁梵王宫，三千世界疑虚空。

渔村相对一水隔，竹篱茅舍有无中。

半开霁景更奇特，远树参天青历历。

一图水墨海天秋，今古不知谁卷得。

觉华烟雨

明·黄裳

丛林幽寂枕江隈，烟雨濛濛昼不开。

过客不知兰若处，但闻钟磬数声来。

觉华烟雨

明东莞县令吴中

村北村南暝烟雨，欲寻梵刹知何处。

过桥借问无人踪，隔林惟听疏钟渡。

涵经润透门不关，啼鸟落花清昼闲。

惆怅远公不可见，云山隐隐水潺潺。

觉华烟雨

明 • 卢宽

觉华禅宫隔烟水，楼阁嶄然插天起。

望中不见金碧辉，宛在虚空云雾里。

云雾朝昏阴复晴，隐隐映映明不明。

何当放舟达彼岸，置我身世于蓬瀛。

明 • 关绎

探觉华寺遗址

此地曾经几劫灰，登临满目总蒿莱。

波光微映江烟合，岚气欲飞山雨来。

寺废尚余金像在，池荒空有白莲开。

题时吊古兴长慨，落日西风一棹回。

觉华烟雨

清东莞诗人方文德

古刹荒洲树一丛，四时烟雨有无中。

扬舲渐觉钟声近，就岸先教鸟语通。

僧不世情禅自寂，客非烦恼色能空。

莫疑寺隐看花雾，个里看花雾不蒙。

觉华烟雨

清东莞县令周天成

密雨浓烟泼墨同，画图悬出米南宫。

晚来独鹤羽毛湿，飞入一声清磬中。

觉华烟雨

清咸丰年间莞城芹莱塘人尹兆蓉

烟雨隐楼台，泼墨洒村廓。

林梢销断虹，天半数归鹤。

云深不见人，清磬一声落。

（2）觉华寺记①

李涛（清远令）

有物混成，先天地生，大道之全体也。克己复礼，天下归仁，大道之妙用也。体用兼该，事理互阐，岂非大雄氏之所谓道乎？老子所谓强名，名此者也；孔子所谓朝闻，闻此者也；如来初日之所悟，悟此者也；中日之所成，成此者也；后日之所传，传此者也。一切众生，皆证圆觉，诸佛世界，犹如空华，觉为佛因，华为佛果；觉为佛理，华为佛事，依佛理而以求佛事，则全体见前；以佛理而作佛事，则妙用无碍。佛因为本，佛果为效，不得其本者，佛因不明；不见其效者，佛果不著。得之者必须亲证，见之者必得一如；不证，则全体不能见前；非如，则妙用不能无碍。有物混成，先天地生，非亲证者不能知；克己复礼，天下归仁，非一如者不能到。一证一切证，一如一切如，如如不动，则诸法皆如，而名如来矣。如则不无，以何为证？

绍兴初，广州东莞县文顺乡归化里春堂村徐邦彦得观音像于江流，堂以奉之。绍兴三年，邑令张君勋命僧宗鉴为之主。明年，请于州，乞旧觉华寺额之，州可其请。宗鉴经营创始，未成而殁。妙昙继焉，故者新之，小者大之，无者有之，犹未备也。至祥庆乃大备，凡殿阁之属，曰宝殿，曰法堂，曰后堂，曰宝阁三成，曰经阁，曰东西廊，曰钟楼。凡像之属，曰释迦如来、文殊、师利、普贤、观音菩萨、摩诃迦叶、大阿难陀、大梵天王、大天帝释、金刚、密迹、应真五百尊定光岩主。凡植曰梅、曰竹、曰茶、曰水松、曰杂木花草。凡器宝华玉座、铜凤铃、铁灯笼、钟、鼓、铙、钲、螺铃、杵磬、炉钵。凡用无不备，若塔、若井、若池、若堤、若渡舟、若放生桥大备。既备矣，乃介其师叔鉴清求记于予，予告鉴清曰："彼所住寺，名曰觉华，凡彼所作种种佛事，皆以佛理而得成就，佛理为觉，佛事为华，此觉此华，人所共有。若以世法观此，常住宫殿、楼阁、堂寝、廊庑，皆属土木；钟磬铃杵、钲铙炉镬，皆属于金；池塘属水，炊属火。何者为觉？何者为华？何名佛理？何名佛事？祥庆汝来住持，汝以本觉，成汝本华，故以佛理，而作佛事；彼为施主，以彼本觉，

成彼本华，故作佛事以求佛理；惟亲证者，即觉即华，即事即理，即因即果，即体即用；惟一如者，非觉非华，非事非理，非因非果，非体非用，此为正观，亦无一切，亦无众生，亦无诸佛，亦无世界，亦无圆觉，亦无虚华。此觉此华，了不可得；彼觉彼华，了不可得；本觉本华，亦不可得；住此寺者，亦不可得；施此寺者，亦不可得；求记寺者，亦不可得；记此寺者，亦不可得；不可得者，亦不可得。有物混成，先天地生，克己复礼，天下归仁，一切众生，皆证圆觉，诸佛世界，犹如空华，以此为证，应如是住。"鉴清曰："善哉，善哉！应如是说，君居永安，见无尽说，亦复如是；我居资福，见东坡说，亦复如是；老子亦如是，孔子亦如是，佛亦如是，众生亦如是，彼亦如是，此亦如是，古亦如是，今亦如是，如是如是。"

鉴清东莞人，盖痴钝师颖之诸孙，大梦德因之法子，祥庆其师侄云。

景定四年四月，从政郎广州清远令成纪李涛记

(3) 觉华寺僧田记卢祥（邑人少抑）[1]

觉华寺旧有田地八十亩，盖宋咸淳二年将士郎徐渊、教谕何汉清所舍也。其土名具见本寺钟铸，岁收租一百六十斛，以供佛赡僧，掌于本寺住持，至僧祖琼殂二百余年矣。迩年厄于兵燹，惟观音一堂存，僧人道通住持本寺，募缘修建，期复故规，大惧僧田久而沦没，有辜前人功德，于是疏其土名，请予记之，勒诸贞珉，以垂不朽。予按邑志载觉华寺在邑西归化乡十九都春堂村，梵宇浮图，高逼云汉，远观隐隐，若在烟雾中，然宝安八景，所谓"觉华烟雨"是矣，盖名刹也。今虽不能追昔，而名额则存，著于邑乘，书于图版，有不可得而泯者，是则僧田之记，其可后乎？道通严戒行，工词翰，大明正统八年，给牒为僧，景泰三年，乡人陈福等保为本寺住持，承管田粮；天顺六年，立籍十九都第一图僧户，庶不失原额云。

174

---

① 本文原载（崇祯）《东莞县志》，杨宝霖点校。

后记

中堂传统村落与建筑文化，于宋代聚落初创时期发端形成，经历明清时期发展而臻于成熟和繁荣，具备岭南水乡地域特征，反映广府民系文化风貌。时至今日，乡村面貌已发生巨大变化，但乡村聚落的肌理、脉络、格局、景观要素，以及以祠堂为代表的各类型历史建筑，仍然保留许多具体的历史线索和明显的传统特征。古风遗韵，内涵丰富，本书关注中堂村落及建筑历史文化遗产，调研分析、归纳梳理、总结特征，以期助力传承村落保护工作，弘扬优秀传统文化。

本书开篇首先回顾了中堂镇历史，以南迁汉人的移民垦殖活动和宗族村落的形成为线索，梳理了中堂的开发建设时序，以此阐明村落发展简史；主要内容从村落空间、建筑形制、建筑装饰三个层面展开，分析了中堂空间格局、村落形态及要素的基本特征；归纳描述了各类型传统建筑案例的形制特征；以祠堂为重点研究对象阐释建筑装饰的丰富内容；最后，展示长久以来中堂流传、保存的传说故事、碑刻题记与诗文题记，提供史料依据。

前人的工作积累为我们展开调查研究奠定了基础。中堂镇文化广播电视服务中心，以及乡贤戴润林等搜集整理了诸多宝贵的民间史料；地方史志（民国）《东莞县志》《东莞市中堂镇志》《东莞市中堂镇潢涌村志》《槎滘村志》等较为详实地梳理了地方历史。

上述资料记录了村落形成发展，居民来源，祠堂、寺庙等建筑的修建概况，以及传说故事、碑刻题记和诗文题记等历史信息。此外，有关岭南水乡、广府民居建筑及聚落的学术论著《岭南水乡》《广东民居》《岭南近代建筑文化与美学》《祖先之翼——明清广州府的开垦、聚族而居与宗族祠堂的衍变》《珠江三角洲广府民系祠堂建筑研究》《珠江三角洲水乡聚落形态》等从更为宏观的视角概况总结了岭南地区广府民系传统建筑及聚落的特征。本书撰稿过程中，依据上述文献展开调研，部分引用了其中的内容，并进行归纳分析，特此说明并致谢。

现场调研期间，中堂镇文广中心张波主任及其同事、戴润林老先生等给予了重大支持。戴老亲自陪同现场调研，与调研小组成员共同走访了中堂的每个村落。调研工作中积累了大量访谈素材和测绘资料，多名华南理工大学的硕博士研究生薛汪祥、王东、许孛来，华南农业大学的本科生陈乐焱、赵文佳、林北岳、郑丹婷、李启通，积极参与资料整理工作，做出贡献。

广东省文学艺术界联合会、广东省民间文艺家协会指导和组织开展本书的编审工作，与中堂镇文化广播电视服务中心、华南理工大学出版社及编著者密切合作，共同付出大量劳动。赖淑华编审、蔡亚兰编辑、唐孝祥教授及赖瑛博士在初稿完成后提出宝贵意见。传统文化保护与传承工作任重道远，正是各级政府机构及社会各界热心人士的重视、关注及协助，使得本书得以顺利出版。在此致以深深的敬意与感谢。

广东兴盛繁荣的民间文化孕育了宝贵的、优秀的传统文化精神。我们期待并且深信岭南乡土文化将以其独特魅力焕发更加灿烂的光彩。

郭焕宇

2016 年 9 月于华南农业大学

参考文献

[1] 《东莞市中堂镇志》编纂委员会.东莞市中堂镇志[M].广州：广东
人民出版社，2012.

[2] 《东莞市中堂镇潢涌村志》编纂委员会.东莞市中堂镇潢涌村志[M].
广州：岭南美术出版社，2010.

[3] 《槎滘村志》编纂委员会.槎滘村志[M].内印本，1992.

[4] 陈伯陶.东莞县志[M].东莞：东莞养和印务局，1927.

[5] 朱光文.岭南水乡[M].广州：广东人民出版社，2005.

[6] 陆琦.广东民居[M].北京：中国建筑工业出版社，2008.

[7] 唐孝祥.岭南近代建筑文化与美学[M].北京：中国建筑工业出版
社，2010.

[8] 赖瑛.珠江三角洲广府民系祠堂建筑研究[D].广州：华南理工大
学，2010.

[9] 冯江.祖先之翼——明清广州府的开垦、聚族而居与宗族祠堂的衍
变[M].北京：中国建筑工业出版社，2010.

[10] 陆琦，潘莹.珠江三角洲水乡聚落形态[J].南方建筑，2009
（06）：61-67.

[11] 梁敏言.广府祠堂建筑装饰研究[D].广州：华南理工大学，2014.